IL FAVOLOSO MONDO
DELLA FISICA QUANTISTICA

Ing. Umberto Piacquadio (umbpia@tiscali.it)

copyright © 2019 by Umberto Piacquadio – Edizione Marzo 2019
Nessuna parte di questa pubblicazione può essere riprodotta, memorizzata in un sistema di recupero o trasmessa in qualsiasi forma o con qualsiasi mezzo, elettronico, meccanico, di fotocopiatura, registrazione o altro senza la previa autorizzazione dell'autore.
info: umbpia@tiscali.it

La fisica non è una rappresentazione della realtà, ma del nostro modo di pensare ad essa.

(Werner Heisenberg)

INDICE

Prefazione 7
1. STORIA ATOMICA 9
2. I MODELLI ATOMICI 15
   2.1 THOMPSON E RUTHERFORD 15
   2.2 CATASTROFE ULTRAVIOLETTA 25
   2.4 QUANTIZZAZIONE 36
   2.6 MODELLO ATOMICO QUANTISTICO 57
   2.7 NUMERO QUANTICO DI SPIN 66
   2.8 PRINCIPIO DI ESCLUSIONE DI PAULI 80
   2.9 PRINCIPIO DI INDETERMINAZIONE DI HEISENBERG 83
   2.10 FUNZIONE D'ONDA - EQUAZIONE DI SCHRÖDINGER 91
   2.11 PRINCIPIO DI SOVRAPPOSIZIONE 102
   2.12 Il GATTO DI SCHRÖDINGER 113
   2.13 DUALITA' ONDA - PARTICELLA 117
   2.14 ENTANGLEMENT QUANTISTICO 125
   2.15 ALTRE INTERPRETAZIONI E TEORIE 135
3 L'ATOMO 141
   3.1 LE DIMENSIONI DELL'ATOMO 141
   3.2 IL NUCLEO E GLI ISOTOPI 144
4. RADIOATTIVITÀ 149
   4.1 RADIOATTIVITÀ NATURALE ED ARTIFICIALE 149
   4.2 IL DECADIMENTO α 156
   4.3 IL DECADIMENTO β^- 157
   4.4 DECADIMENTO β^+ o β inverso 161
   4.5 DECADIMENTO γ 165
5 FISSIONE NUCLEARE 167
   5.1 LA REAZIONE DI FISSIONE A CATENA 167

5.2 REAZIONE DI FISSIONE INCONTROLLATA ... 171
5.3 FISSIONE NUCLEARE CONTROLLATA ... 176
6 FUSIONE NUCLEARE ... 179
6.1 REAZIONI DI FUSIONE NUCLEARE ... 179
6.2 BOMBA AD IDROGENO (BOMBA H) ... 183
6.3 FUSIONE NUCLEARE NELLE STELLE ... 185
7 MATERIA E ANTI MATERIA ... 193
7.1 L'ANTIMATERIA ... 193
7.2 LE PARTICELLE ELEMENTARI ... 197
7.3 I FERMIONI DI I GENERAZIONE ... 199
7.4 LE GENERAZIONI SUCCESSIVE DEI FERMIONI ... 202
7.5 I BOSONI ... 204
7.6 IL BOSONE DI HIGGS ... 214
7.7 IL BOSONE GRAVITONE ... 217
8 ACCELERATORI DI PARTICELLE ... 219
ALTRE PUBBLICAZIONI AUTORE ... 225
APPUNTI AUTORE ... 227
BIBLIOGRAFIA ... 255

Prefazione

Dopo le formulazioni delle teorie di Newton e Maxwell sembrava che null'altro potesse scalfire il percorso intrapreso nella descrizione Fisica dei fenomeni naturali.

Il principio di causalità descriveva bene i fenomeni elettromagnetici ed il moto dei corpi celesti, nel segno del determinismo.

Con la formulazione della Teoria della relatività Einstein prosegue un percorso di descrizione dei fenomeni in movimento anche a velocità paragonabili a quelle della luce.

Il cambiamento ha inizio con l'approfondimento e studi a livello atomico dove, Planck, Bohr, Einstein, abbandonano il concetto di continuità a favore dell'introduzione della quantizzazione della materia, continuando però ad interpretare i fenomeni sempre con un fondamento di tipo classico.

Sarà necessario l'apporto dei giovani Heinsenberg e Schoidenger per abbandonare definitivamente l'interpretazione classica a fronte della stravolgente nuova interpretazione quantistica.

La successiva formalizzazione della meccanica quantistica basata sull'algebra non commutativa, introdotta dal giovane Dirac prosegue il cammino verso il definitivo utilizzo della teoria quantistica nel mondo microscopico.

Con la fisica quantistica si scopre un modo tutto nuovo di comportarsi della materia e della luce, nel regno del microcosmo.

Grammaticalmente basterebbe invertire una consonante ed una vocale: passando dalla causalità alla casualità.

Un atomo non è più costituito da elettroni orbitanti come pianeti, non possiede più una definita traiettoria con determinati valori di velocità e posizione.

La fisica quantistica descrive il microcosmo prediligendo un'evoluzione della natura verso il disordine e l'incertezza, anziché il determinismo stabilito da causa-effetto, dominante nella fisica classica.

Le particelle possono trasmettersi informazioni istantanee, oltre il limite della velocità della luce, imposto da Einstein con la formulazione della Teoria sulla Relatività Ristretta.

La comprensione del comportamento della materia a livello atomico vi porterà a riflessioni importanti, ed a pensare che nulla di ciò che ci circonda può essere più interpretato con la sola deterministica razionalità.

Per comprendere il favoloso mondo della fisica quantistica possono trovarsi centinaia di libri, che però il più delle volte o sono di carattere troppo divulgativo o sono trattati a livello universitario.

Con la presente esposizione, invece, ho cercato di trattare i temi, in modo da far comprendere principalmente i concetti, senza però tralasciare le rigorose formule e dimostrazioni matematiche, con un linguaggio sufficiente ad essere interpretato con competenze matematiche e fisiche che si apprendono in un liceo.

Il presente testo non si arroga la prerogativa di essere esaustivo nell'interpretazione della teoria quantistica, ma è certamente utile per acquisire nozioni al fine di poter comprendere in visione scientifica i testi in commercio di carattere divulgativo sull'argomento e comunque creare ottimi presupposti per futuri approfondimenti di carattere universitario.

Ringrazio tutti coloro che mi sono stati vicini durante la stesura della presente trattazione e con la speranza di aver impostato il lavoro in modo che possa essere utile a tutti quelli che si approcciano allo studio dell'affascinante mondo della Fisica Quantistica, sono grato sin d'ora a chi vorrà proporre migliorie o eventuali suggerimenti.

1. STORIA ATOMICA

La storia della costituzione della materia, da un punto di vista atomico, trova le sue origini già a partire dal 1500 – 500 a.c. in India, dove le scuole filosofiche, per motivare l'esistenza della materia, individuarono cinque essenze fondamentali, quali componenti essenziali: Fuoco – Terra – Aria – Acqua – Cielo.

In aggiunta alle cinque sostanze, completavano la costituzione del conosciuto, ulteriori quattro sensi esterni: Spazio, Tempo, Mente ed infine l'Io.

La materia così composta era sempre divisibile in un numero finito di particelle, secondo le essenze fondamentali ed i sensi esterni.

A seguire, nell'antica Grecia, Leucippo di Mileto usò per la prima volta il termine Atomo (ἄτομος), che significa indivisibile, ed il suo  allievo Democrito di Abdera, nel 460-360 a.c., ne fece diventare il termine famoso.

In quest'ultima interpretazione, l'atomo era considerato una particella indivisibile che formava tutta la materia conosciuta.

Tutto il resto era riempito dal vuoto, come lo stesso luogo dove gli atomi si uniscono in un concetto di eternità, attraverso la loro nascita, morte e rinascita.

La divisibilità all'infinito, restava valida solo in campo logico-matematico, ma non per la materia, che in un processo di divisibilità infinita si sarebbe dissolta nel nulla, fino a giungere ad un inattuabile concetto di non-materia.

Più tardi, nel 384-322 a.c. avanza la teoria di Aristotele, dove la materia viene intesa come divisibile all'infinito, abbandonando così il concetto di esistenza dell'indivisibile atomo.
Per Aristotele l'entità del movimento di un corpo dipendeva certamente dal suo peso, ma principalmente dal mezzo attraversato, la cui composizione ne placava la velocità.

Non poteva esistere il vuoto, che rappresentava il nulla, in quanto esso avrebbe fatto raggiungere ad un corpo velocità infinità, contro il senso comune.

Contrariamente alla considerazione di Democrito, che tra gli atomi indivisibili doveva trovarsi il vuoto, Aristotele sosteneva che la materia doveva essere continua e divisibile all'infinito, in tutta la sua formazione dell'esistenza terrena, sotto la regia ed il controllo di un ente divino creatore.

Nel corso della sua continua divisione, la materia avrebbe cambiato proprietà e le sostanze si sarebbero trasformate in altre, al fine di comprendere ogni possibile entità del conosciuto.

Il Medioevo (400-1400 d.c.), invece, ha rappresentato il periodo più buio della filosofia atomistica a causa del proliferare di pratiche esoteriche, che più si avvicinano alla magia che alla scienza. E' proprio in tale periodo che prende quota l'alchimia, ricordata per la caratteristica del voler trasmutare metalli vili in oro.

Tale concezione viene fortunatamente abbandonata con l'inizio del "Rinascimento" e prosegue nell'epoca "Barocca", come periodo di rivoluzione scientifica, dove si inizia a configurare una netta separazione tra scienza e religione.

Quest'ultima epoca segna l'inizio del metodo sperimentale nelle scienze ad opera del grande padre della scienza moderna, italiano e fisico, astronomo, filosofo, matematico e accademico, Galileo Galilei.

Per il primo concetto scientifico di atomo, bisognerà attendere nell'anno 1807 la formulazione delle teorie del chimico, fisico, meteorologo e insegnante inglese, John Dalton, famoso anche per aver dato luogo al famoso termine "daltonismo", da cui era affetto.

Dalton, attraverso la scomposizione dell'acqua nei suoi componenti Ossigeno ed Idrogeno, analizzandone le proporzioni, comprese che in una reazione chimica gli atomi rimangono invariati in numero e in massa, nel rispetto del principio di conservazione della massa e combinandosi in proporzioni di numeri interi.

Nel caso dell'acqua, due atomi di idrogeno (H) si combinavano con un atomo di ossigeno (O), che oggi scriviamo con la più famosa formula chimica H_2O.

Nel 1823 circa, Lorenzo Romano Amedeo Carlo Avogadro, chimico e fisico italiano, introducendo il concetto di molecola come composta da atomi, ricavò sperimentalmente che uguali volumi di gas, anche diversi, alla stessa temperatura e pressione contengono lo stesso numero di molecole e quindi di atomi.

In tale ipotesi, pesando volumi di gas diversi si potevano ricavare le proporzioni tra le diverse masse atomiche.

Le ulteriori ricerche ad opera di Coulomb – Faraday- Maxwell tra il 1780-1830, sulle teorie matematiche dell'elettricità e del magnetismo (Charles Augustin De Coulomb), sulla correlazione di massa e quantità di carica elettrica (Michael Faraday) e sull'unificazione della teoria elettromagnetica (James Clerk Maxwell) preparano il campo all'avvento della fisica atomica.

Nel 1869 D.I. Mendeleev, chimico russo, ideò un ordine nella chimica, disponendo gli elementi chimici in ordine di peso atomico crescente ed in periodi, costituendo una tavola periodica, precursore dell'attuale tavola periodica.

L'opera di Mendeleev riveste carattere di eccezionalità in quanto ai quei tempi non era ancora nota la composizione dell'atomo, ne tantomeno l'esistenza degli elettroni, riuscendo però comunque a raggruppare gli elementi per stesse proprietà chimiche.

Nella tavola periodica di Mendeleev gli elementi erano ordinati in righe e colonne, in ordine di massa atomica, in una opportuna disposizione per righe e colonne quando le caratteristiche degli elementi cominciavano a ripetersi.

A detta tavola effettuò alcune modifiche e senza saperlo eseguì un ordine per numero atomico (numero di protoni).

ОПЫТЪ СИСТЕМЫ ЭЛЕМЕНТОВЪ.

ОСНОВАННОЙ НА ИХЪ АТОМНОМЪ ВѢСѢ И ХИМИЧЕСКОМЪ СХОДСТВѢ.

				Ti = 50	Zr = 90	? = 180.
				V = 51	Nb = 94	Ta = 182.
				Cr = 52	Mo = 96	W = 186.
				Mn = 55	Rh = 104,4	Pt = 197,4.
				Fe = 56	Ru = 104,4	Ir = 198.
				Ni = Co = 59	Pl = 106,6	O = 199.
H = 1				Cu = 63,4	Ag = 108	Hg = 200.
		Be = 9,4	Mg = 24	Zn = 65,2	Cd = 112	
	B = 11	Al = 27,4	? = 68	Ur = 116	Au = 197?
	C = 12	Si = 28	? = 70	Sn = 118	
	N = 14	P = 31	As = 75	Sb = 122	Bi = 210?
	O = 16	S = 32	Se = 79,4	Te = 128?	
	F = 19	Cl = 35,5	Br = 80	I = 127	
Li = 7	Na = 23	K = 39	Rb = 85,4	Cs = 133	Tl = 204.
		Ca = 40	Sr = 87,6	Ba = 137	Pb = 207.
		? = 45	Ce = 92		
		?Er = 56	La = 94		
		?Yt = 60	Di = 95		
		?In = 75,6	Th = 118?		

Д. Менделѣевъ

Con il progredire delle conoscenze sull'atomo e con la scoperta di nuovi elementi la tavola periodica è stata opportunamente aggiornata.

L'attuale configurazione della moderna tavola periodica consiste in uno schema in cui sono riportate alcune caratteristiche chimico-fisiche degli elementi chimici e gli stessi sono ordinati sulla base del loro numero atomico Z (numero di protoni = numero di elettroni) da sinistra verso destra e dal l'alto verso il basso (come l'ordine di scrittura), opportunamente raggruppati per caratteristiche simili.

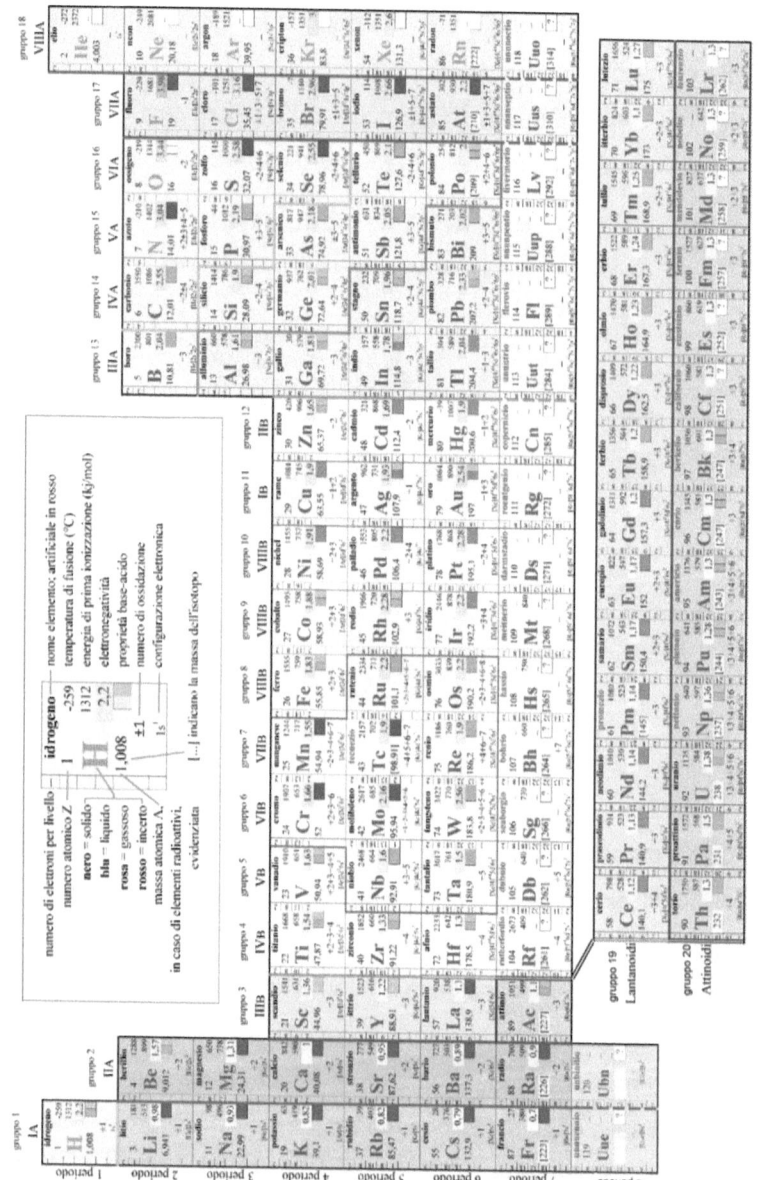

2. I MODELLI ATOMICI

2.1 THOMPSON E RUTHERFORD

Fin qui abbiamo raccontato dei risultati ottenuti da illustri scienziati, nei secoli, attraverso teorie elaborate e formulate senza la conoscenza dei meccanismi di nascita della carica elettrica. In particolare non era ancora nota la corretta composizione dell'atomo e l'esistenza dell'elettrone.

Nel 1897 il fisico britannico Joseph John Thompson studiò approfonditamente i raggi catodici, così fino a giungere alla scoperta dell'elettrone.

Thompson nasce a Cheetham Hill, Manchester il 18 dicembre 1856 ed a soli 28 anni venne chiamato a dirigere uno dei più famosi centri di ricerca presso l'Università di Cambridge, il Cavendish Laboratory, dove tra l'altro divenne docente dotato di straordinarie capacità didattiche. Per diversi anni tenne la presidenza della Royal Society, cioè della massima accademia inglese. Morì a Cambridge il 30 agosto 1940.

I raggi catodici sono delle luminescenze che si sviluppano in un tubo di vetro sotto vuoto o riempito adeguatamente, a seguito di una sorgente elettrica che si collega a due piastre: polo positivo (anodo) e polo negativo (catodo).
Il primo tubo a raggi catodici della storia (tubo di Crookes) venne realizzato da William Crookes, nei primi anni '70 del XIX secolo.

Applicando un campo elettrico o magnetico, scoprì che questi venivano deviati, deducendo che non potevano essere costituiti da raggi (onde elettromagnetiche), bensì da particelle cariche negativamente.

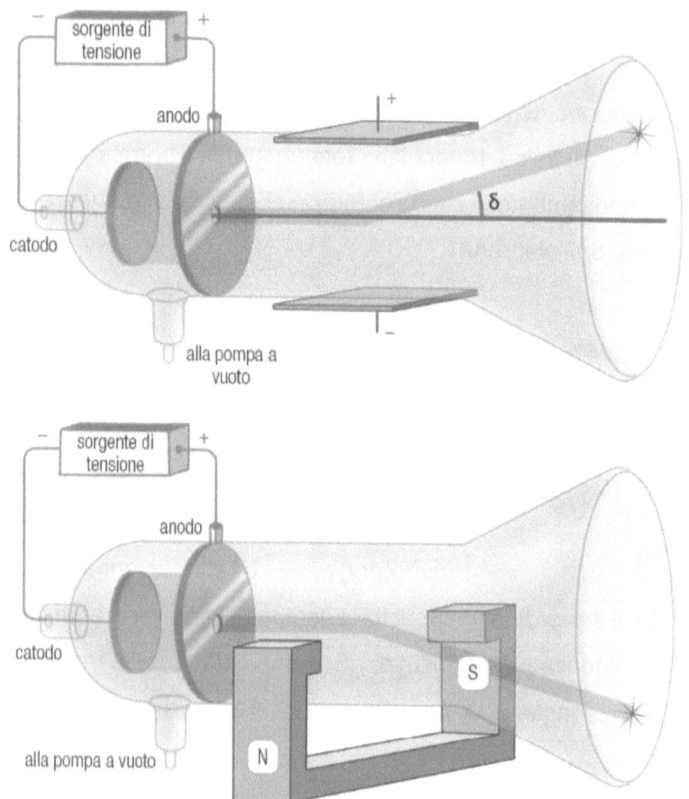

Thompson, dopo aver scoperto la consistenza dei raggi osservati, attraverso la misura dell'angolo di deviazione, riuscì anche a ricavare il rapporto carica/massa (q/m).

Queste piccole particelle, così individuate, cariche negativamente, vennero chiamate "elettroni".

La scoperta dell'elettrone costituisce la prima vera opera di discretizzazione della materia, sperimentalmente supportata. Infatti diversamente da quanto antecedentemente ipotizzato da Maxwell, attraverso l'utilizzo della densità di carica elettrica per descrivere i fenomeni elettrici, in modo che la carica elettrica poteva assumere qualsiasi valore di tipo continuo, ora la carica elettrica poteva assumere solo valori multipli della carica elementare "e".

Sulla base di quanto riscontrato sperimentalmente, lo scienziato, formula la prima modellazione dell'atomo della storia.

Il modello atomico di Thomson viene scherzosamente chiamato modello atomico a panettone. Come il panettone presenta all'interno una distribuzione di uva passa, così l'atomo avrebbe dovuto avere una massa uniforme positiva con gli elettroni distribuiti al suo interno, il tutto in modo da avere comunque un carica totale neutra, perché tale doveva essere sulla base dei valori sperimentali.

 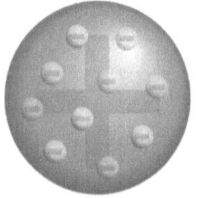

Per tale scoperta nel 1906 riceve il premio Nobel.

Questo modello dell'atomo, non ha però vita lunga.

E' il chimico e fisico neozelandese Ernest Rutherford, che nel 1909, contestualmente alla scoperta dello "scattering coulombiano o di Rutherford", sancisce l'abbandono del modello atomico a panettone per un nuovo modello atomico.

Ernest Rutherford, I barone Rutherford di Nelson, nasce a Spring Grove (ora Brightwater) in Nuova Zelanda il 30 agosto 1871. Studiò al Nelson College e al Canterbury College, conseguendo tre diplomi e due anni di ricerche in prima linea nella tecnologia elettrica.  Nel 1895 si trasferì in Inghilterra per studi post-laurea presso il Laboratorio Cavendish, dell'Università di Cambridge. Durante la sua investigazione della radioattività coniò i termini raggi alfa e raggi beta. Nel 1898 Rutherford fu nominato alla cattedra di Fisica alla McGill University, in Canada, dove sviluppò il lavoro che gli fruttò nel 1908 il Premio Nobel per la Chimica. Aveva dimostrato che la radioattività era la spontanea disintegrazione degli atomi. Dopo aver notato che in un campione di materiale radioattivo aveva un ben determinato tempo di dimezzamento, ideò una applicazione pratica di questo fenomeno, usando questo tasso costante di decadimento come un orologio, per ricavare la determinazione dell'età effettiva della Terra, che si rivelò essere molto più vecchia di quanto la maggior parte degli scienziati dell'epoca credesse.

Nel 1907 assunse la cattedra di Fisica alla Victoria University of Manchester. Qui scoprì l'esistenza del nucleo atomico negli atomi. Più tardi, mentre lavorava con Niels Bohr, Rutherford avanzò una proposta sull'esistenza di particelle neutre, i neutroni. Nel 1917 ritornò al Cavendish come Direttore. Sotto la sua direzione, furono assegnati premi Nobel a James Chadwick per la scoperta del neutrone, John Cockcroft e Ernest Walton per la scissione dell'atomo negli acceleratori di particelle e Edward

Victor Appleton per la dimostrazione dell'esistenza della ionosfera. Si riporta una delle sue più famose affermazioni "*Nella scienza esiste solo la Fisica; tutto il resto è collezione di francobolli*". Morì a Cambridge il 19 ottobre 1937.

Ritorniamo alla scoperta del nuovo modello atomico.

L'esperimento di Rutherford si svolgeva sparando particelle alfa (α) su lamelle in oro, dello spessore di alcuna decina di atomi.

Le particelle alfa (α), chiamate anche raggi α, altro non sono che nuclei di Elio, costituiti da 2 protoni e 2 neutroni, quindi, particelle a carica positiva.

Come risultato osservò un fenomeno di scattering coloumbiano, ovvero una deviazione del percorso di queste particelle solo nell'1% dei casi, mentre per il 99% proseguivano indisturbate.

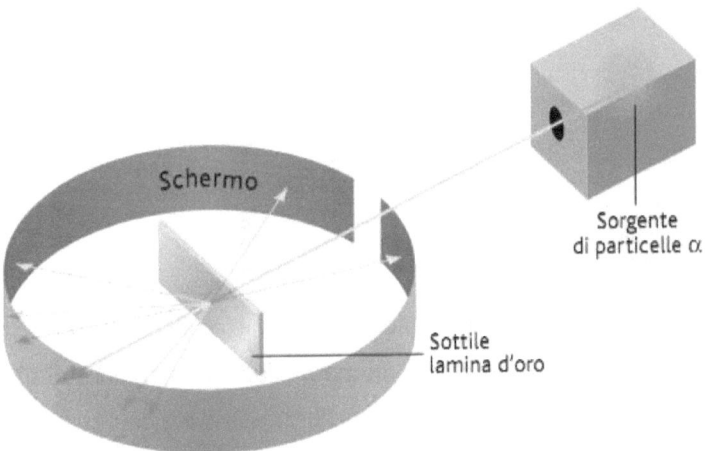

L'angolo di deviazione variava da 0° a 180°, nei rispettivi casi limite di passaggio indisturbato delle particelle e di ritorno nella stessa direzione con verso opposto.

Da ciò rilevò che l'atomo non poteva avere una configurazione "a panettone", con una massa a carica positiva uniformemente diffusa come pensava Thompson, altrimenti le particelle α, avendo una carica positiva, sarebbero dovute passare sempre indisturbate per la prevalenza della massa della particella proiettile (α) sulla massa distribuita.

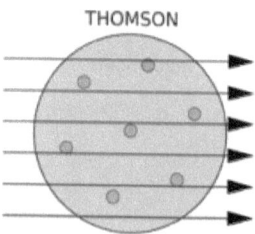

Il nuovo atomo, invece, coerentemente alle esperienze sperimentali, doveva avere una concentrazione di massa di carica positiva al centro dell'atomo e la corrispondente massa di carica negativa distribuita esternamente.

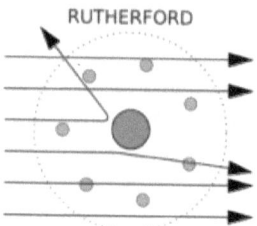

Le particelle proiettile che colpivano il nucleo di carica positiva, avrebbero ricevuto una opportuna deviazione maggiore di 0° e fino a 180°, nel caso di ritorno nella stessa direzione con verso opposto.

Viceversa, le particelle passanti nella parte atomica occupata dalle ben meno massive cariche negative distribuite, sarebbero passate indisturbate.

Nasce così il modello atomico di Rutherford, costituito da un nucleo centrale a carica positiva in aggiunta ad elettroni che vi orbitano intorno a carica negativa. Questo modello atomico, per somiglianza al moto dei pianeti intorno al sole, venne denominato modello atomico planetario.

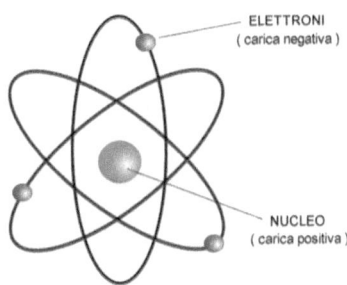

Per tale modello atomico risulta semplice calcolare l'energia totale dell'elettrone orbitante in funzione del raggio e della carica elettrica.
L'elettrone è soggetto ad una forza centripeta, materializzata con la forza di attrazione elettrostatica.

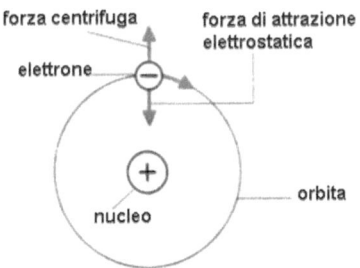

Dalla relazione di Coulomb sappiano che nucleo ed elettrone si attraggono con una forza pari a:

$$(2.1.1) \; F = -\frac{1}{4\pi\varepsilon_0}\frac{e^2}{r^2}$$

con

e = carica dell'elettrone

ε_0 = costante dielettrica nel vuoto

r = raggio dell'orbita

Essendo tale relazione simile alla legge gravitazionale di Newton, le orbite degli elettroni dovevano essere, a rigor di logica, in analogia al moto dei pianeti, di tipo ellittico. In prima approssimazione, però, trascuriamo la forma ellittica ed utilizziamo quella circolare.

In tali condizioni la forza centripeta vale:

$$(2.1.2) \quad F = -m\frac{v^2}{r}$$

con

v = velocità tangenziale

m = massa dell'elettrone

Uguagliando la (2.1.1) con la (2.1.2) si ottiene:

$$(2.1.3) \quad \frac{1}{4\pi\varepsilon_0}\frac{e^2}{r^2} = m\frac{v^2}{r}$$

Da cui dividendo per 2 e moltiplicando per r ambo i membri

$$(2.1.4) \quad \frac{1}{2}mv^2 = \frac{1}{8\pi\varepsilon_0}\frac{e^2}{r}$$

Che equivale proprio all'energia cinetica, a velocità non relativistiche. L'energia potenziale vale

$$E = \frac{1}{4\pi\varepsilon_0}\frac{e^2}{r}$$

In definitiva l'energia totale dell'elettrone è pari a

$$E_t = \frac{1}{2}mv^2 - \frac{1}{4\pi\varepsilon_0}\frac{e^2}{r}$$

Nella precedente relazione troviamo che l'energia potenziale presenta il segno meno, in quanto relativa a cariche opposte di tipo attrattive.

Sostituendo la (2.1.4) nell'ultima relazione trovata sull'energia totale dell'elettrone orbitante intorno al nucleo, si ottiene

$$(2.1.5)\ E_t = -\frac{1}{8\pi\varepsilon_0}\frac{e^2}{r}$$

Purtroppo anche questo modello continuava ad avere dei problemi di natura fisica.

Era già noto come una particella carica, accelerata, emettesse energia sotto forma di radiazione elettromagnetica, perdendo energia.

Nel caso specifico essendo il moto di tipo circolare, generandosi una accelerazione centripeta nel moto (centrifuga dal punto di vista dell'elettrone), gli elettroni che ruotano attorno al nucleo centrale avrebbero dovuto perdere energia fino a collassare sul nucleo in pochissimo tempo.

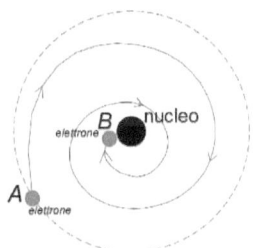

Elettrone in posizione A collassa in posizione B

Il modello di Rutherford oltre a restare un modello di tipo classico, rispettoso delle leggi fisiche della meccanica classica e legato ad un moto assimilato a quello dei pianeti, risultava in gran parte non rispettoso dei risultati ottenuti sperimentalmente.

"Nella scienza esiste solo la Fisica; tutto il resto è collezione di francobolli."

ERNEST RUTHERFORD
https://www.frasicelebri.it/frasi-di/ernest-rutherford/

2.2 CATASTROFE ULTRAVIOLETTA

Per una corretta individuazione di un modello atomico, che avesse anche un riscontro sperimentale, era necessario abbandonare alcuni pregiudizi fissati dalla meccanica classica, specie per superare lo scoglio della prevista perdita di energia dell'elettrone, fino al suo collasso sul nucleo atomico.

Un primo importante cambiamento venne ad opera dal fisico tedesco, Max Planck, che formulò una legge di quantizzazione dell'energia di un'onda elettromagnetica, nel corso della risoluzione di una problematica in campo termodinamico, denominata "catastrofe ultravioletta", relativa allo studio dello spettro del corpo nero.

Max Planck nasce a Kiel il 23 aprile 1858 e fu sempre considerato fin dagli studi liceali una mente chiara, logica e polivalente. Nominato professore di fisica teorica all'Università di Berlino, si dedicò, soprattutto perché interessato dalle prime lampade ad  incandescenza, allo studio dei problemi termodinamici connessi con l'irraggiamento. Il 14 dicembre del 1900, con la pubblicazione del suo primo lavoro sulla teoria quantistica, rappresenta la data di nascita della fisica moderna. Rivoluzionario suo malgrado, era quasi convinto che il concetto di "quanto" fosse solo una "fortunata violenza puramente matematica contro le leggi della fisica classica". A proposito della teoria sull'interpretazione dello spettro del corpo nero, scriveva: "*L'intera vicenda fu un atto di disperazione.... Sono uno studioso* tranquillo, per natura contrario alle avventure piuttosto rischiose. Però ...... una spiegazione teorica bisognava pur darla, qualsiasi ne fosse il prezzo.... Nella teoria del calore sembrò che le uniche cose da salvare fossero i due principi fondamentali (conservazione dell'energia e principio dell'entropia), per il resto ero pronto a sacrificare ogni mia precedente convinzione". Ed ancora in un passo della sua ultima conferenza, pochi mesi prima della morte: "Chi è addetto alla costruzione delle scienze troverà la sua gioia e la sua felicità nell'aver indagato l'indagabile e onorato l'inosservabile". Dopo molte sofferenze spirituali e materiali, Planck trascorse gli ultimi anni di vita a Gottingen, dove morì quasi novantenne il 4 ottobre 1947.

Ritorniamo alla problematica dello spettro del corpo nero.

Dall'applicazione delle equazioni di Maxwell risultava che un corpo nero in equilibrio termico con l'ambiente, quindi ad una fissata temperatura, l'energia emessa per ciascuna radiazione alle differenti frequenze/lunghezze d'onda (radianza), doveva essere inversamente proporzionale alla lunghezza d'onda.

In particolare la Legge di Rayleigh-Jeans poneva in correlazione la densità di energia con la lunghezza d'onda (λ) corrispondente, attraverso la costante di Boltzmann (k) e la temperatura (T)

$$\frac{dE}{d\lambda} = \frac{8\pi kT}{\lambda^4}$$

Questa relazione dava risultati confortanti operando con radiazioni ad elevata lunghezza d'onda su corpi a temperatura ambiente, invece entrava in crisi con i risultati sperimentali ottenuti dall'analisi di un corpo nero, dove le temperature sono decisamente superiori e lo spettro delle radiazioni interessate è più ampio.

Un corpo nero ideale è un corpo che in natura non esiste, di certo non è di colore nero. E' un corpo ideale che assorbe tutta la radiazione elettromagnetica incidente senza rifletterla.

Assorbendo tutta la radiazione incidente, per la legge di conservazione dell'energia, il corpo nero irradia la stessa quantità di energia assorbita, sebbene trasformandola.

In laboratorio, un corpo nero, può essere realizzato come un oggetto cavo, isolato con l'esterno e mantenuto a temperatura costante, come una sorta di forno.

L'oggetto così realizzato, al fine di poter procedere con le dovute verifiche sperimentali, presenta un minuscolo foro per l'ingresso della radiazione elettromagnetica, di dimensioni tali che la stessa abbia minime probabilità di uscire.

Le pareti interne assorbono ed emettono parte della radiazione, in continuazione, nelle diverse lunghezze d'onda e frequenza, per ogni fissato valore di temperatura.

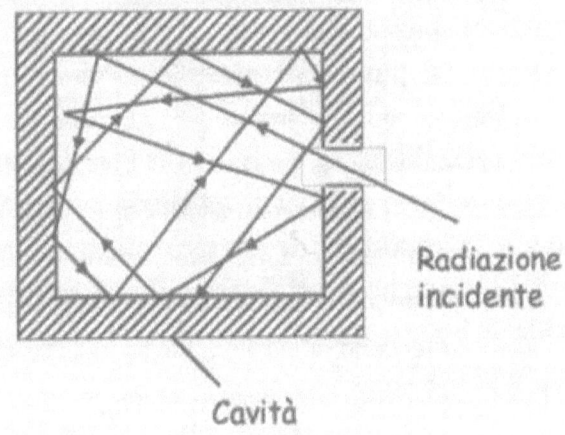

Il minuscolo foro viene così utilizzato anche come spioncino, per analizzare la distribuzione dello spettro elettromagnetico delle radiazioni presenti all'interno del corpo cavo.

Dalla suddetta osservazione è possibile costruire un grafico che correla i possibili valori di energia emessa per ciascuna radiazione alle differenti frequenze/lunghezze d'onda (radianza), al variare della temperatura.

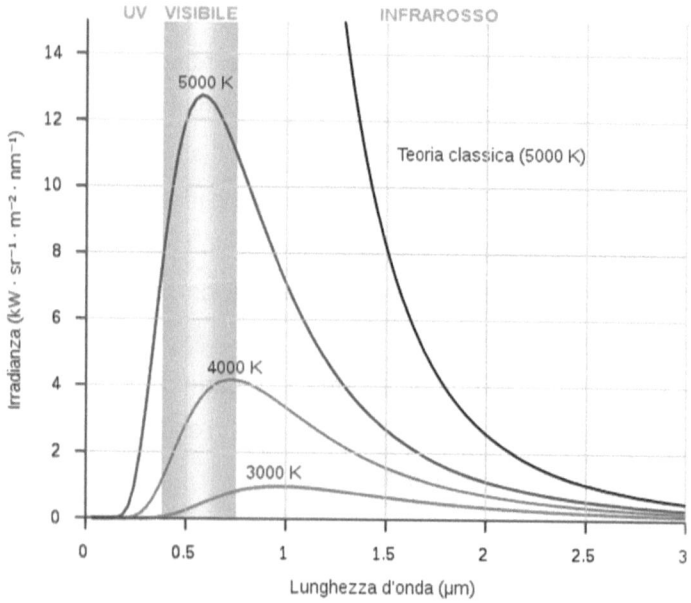

Il grafico evidenzia che al diminuire della lunghezza d'onda, e quindi spostandoci verso le lunghezze dell'ultravioletto (UV), poste a sinistra dello spettro del visibile, si ottengono valori dell'intensità che tendono a zero, diversamente dal risultato ottenuto dall'applicazione della vecchia teoria classica, dove i valori di intensità tendono all'infinito a causa della relazione di inversa proporzionalità tra lunghezza 'onda ed energia.

L'evidente discordanza dei dati sperimentali ottenuti con le teorie classiche, in corrispondenza delle radiazioni di lunghezze d'onda verso l'ultravioletto, ha portato a denominare tale problematica con il nome di "catastrofe ultravioletta".

Per risolvere la questione, interviene così Max Planck, attraverso la formulazione di una innovativa ipotesi di quantizzazione della radiazione elettromagnetica, che porterà tra l'altro a formulare una nuova legge come espressione dell'energia emessa per radiazione alle differenti frequenze $B(\nu,T)$, in funzione della temperatura e della frequenza, utilizzando la costante di Boltzmann (k), la costante velocità della luce nel vuoto (c) ed una nuova costante di Planck (h)

$$(2.2.1)\ B(\nu,T) = \frac{2h\nu^3}{c^2} \frac{1}{e^{\frac{h\nu}{kT}} - 1}$$

Ed è proprio in quest'ultima relazione che viene introdotta la costante h, denominata costante di Planck, come elemento cardine per la quantizzazione della radiazione elettromagnetica, oggetto di approfondimento nel paragrafo successivo.

La costante di Planck h, rappresenta l'azione minima possibile, definita come "quanto d'azione", che calcolata sperimentalmente assume un valore costante pari a 6,62606957 x 10^{-34} J s, ed è la costante più importante della meccanica quantistica, così come la costante c, velocità della luce nel vuoto, rappresenta la più importante costante per lo studio della Relatività di Einstein.

L'introduzione della costante di Planck h, sancisce l'effettiva innovazione della meccanica quantistica nei confronti della meccanica classica, stabilendo che l'energia e le grandezze fisiche fondamentali ad essa legate, con evidenza solo alla scala microscopica, non evolvano in modo continuo, ma risultano quantizzate, potendo l'energia ad esempio assumere solo valori multipli di tale costante.

Il limite di interpretazione di un fenomeno fisico, tra la teoria quantistica e la teoria classica, è rappresentato proprio dalla confrontabilità del valore dell'Azione relativa all'evento osservato con il valore della costante di Planck.

Fenomeni fisici aventi un valore dell'Azione confrontabile con la costante h assumono un comportamento di tipo quantistico.

2.3 LA COSTANTE DI PLANCK

Esaminiamo nel dettaglio ciò che effettivamente rappresenta, da un punto di vista fisico, la costante di Planck.

Dalla fisica classica abbiamo imparato ad utilizzare i grafici spazio-tempo per rappresentare i moti dei punti materiali.

Allo stesso modo, sempre da un punto di vista classico, è possibile rappresentare un moto di una particella in un sistema di assi cartesiani velocità-spazio.

Il grafico che segue rappresenta il moto unidimensionale di un punto materiale in moto rettilineo uniforme, velocità costante, che si muove da A verso B, in un sistema di riferimento velocità-spazio.

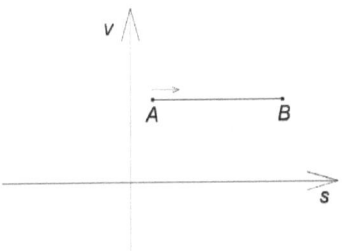

A differenza di una rappresentazione velocità-tempo, dove il tempo è sempre di tipo crescente, dal presente al futuro, nella rappresentazione velocità-spazio, lo spazio può assumere valori crescenti e decrescenti. Tale sistema di rappresentazione, inoltre, fornisce informazione sulla velocità della particella quando si trova in un particolare punto dello spazio considerato, diversamente dalla rappresentazione velocità-tempo dove è possibile correlare la velocità solo in funzione del tempo.

Per semplicità continuiamo a considerare un moto di tipo unidimensionale, di una particella che si sposta di moto uniforme in una piccola scatola con urti elastici sulle pareti, tale che quando la particella raggiunge la parete destra, per la legge sulla conservazione della quantità di moto, inverte la sua velocità, senza che la stessa varia, e così via quando raggiunge la parete sinistra.

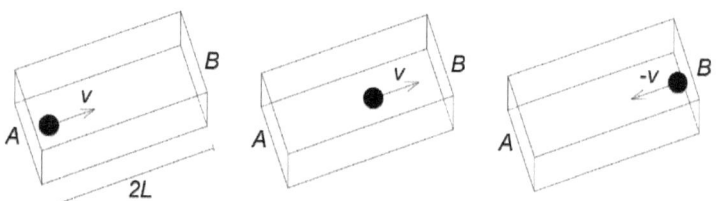

Se consideriamo come origine di riferimento il centro della scatola, ipotizzando la scatola di lunghezza pari a **2L**, la particella si muove nello spazio unidimensionale tra **L** e **−L**.

Il moto derivante è rappresentabile nel diagramma velocità-spazio nel modo seguente.

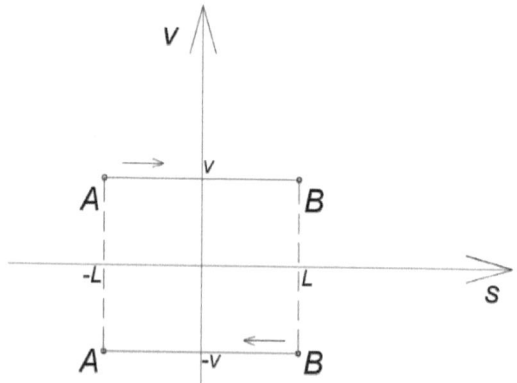

Quando la particella raggiunge il lato destro B, la sua velocità di inverte istantaneamente, da v a $-v$, e lo spazio viene percorso nel verso opposto.

Per tener conto anche della massa della particella, possiamo considerare sull'asse verticale la variabile quantità di moto o impulso, pari alla velocità moltiplicato la massa ($p=m \cdot v$), in sostituzione della sola variabile velocità, senza che il grafico subisca variazioni qualitative.

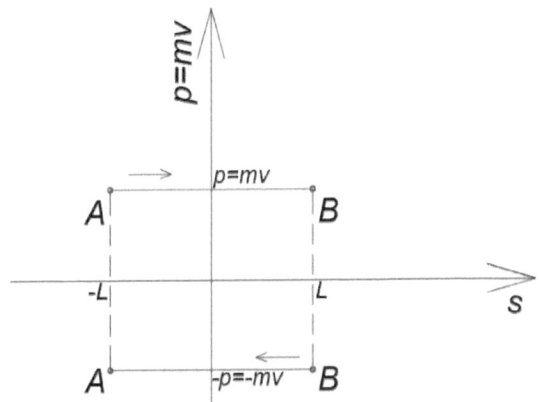

L'area del rettangolo così individuata, per il moto unidimensionale considerato, viene denominata "azione ridotta lungo una traiettoria chiusa nello spazio delle fasi" ed è pari a

$$(2.3.1) \; A = 2L \cdot 2 \cdot m \cdot v$$

e da un punto di vista dimensionale è esprimibile come

$$[M] \, [L] \, [T]^{-1} [L] = [M] \, [L]^2 \, [T]^{-1}$$

o meglio, considerando le corrispondenti unità di misura nel Sistema Internazionale è esprimibile in

$$Kg \cdot m^2 \cdot s^{-1}$$

ed ancora, in termini energetici, tenendo conto che per un Joule è valida la seguente conversione

$$J = Kg \cdot m^2 \cdot s^{-2}$$

si ottiene

$$Kg \cdot m^2 \cdot s^{-1} = J \cdot s$$

Pertanto l'area individuata nel grafico "quantità di moto-spazio" assume la stessa unità di misura della costante di Planck, che abbiamo già definito minima azione possibile e sappiamo essere pari a circa $h = 6,62606957 \cdot 10^{-34}$ J s.

La grandezza fisica "Azione" era già nota ai tempi della meccanica classica, ma scarsamente utilizzata in quanto nello studio delle leggi fisiche macroscopiche questa grandezza risulta avere poca utilità, considerato il suo ridotto valore rispetto alle grandezze macroscopiche.

Infatti se immaginiamo che la particella sia rappresentata da una pallina da ping-pong e la scatola sia un tavolo da gioco, ipotizzando il peso della pallina pari a 10 g, la sua velocità pari a 10 m/s e la lunghezza del tavolo pari a 2,5 m, applicando la (2.3.1) si ottiene un valore dell'azione pari a

$A = 2L \cdot 2 \cdot m \cdot v = 2,5 \ m \cdot 2 \cdot 0,01 \ Kg \cdot 10 \ m/s = 0,5 \ Kgm^2/s = 0,5 \ Js$

Detto valore, se confrontato con la costante di Planck h è pari a circa $a \approx 7,50 \cdot 10^{32}$ h volte più grande.

Dal valore dell'Azione così ottenuto, risulta evidente che nel mondo macroscopico non ha senso parlare di costante di Planck in quanto i fenomeni osservati presentano un valore dell'Azione, abbondantemente multipla di detta costante.

E' come osservare una distesa di sabbia nel deserto e porsi il problema di quanti granelli ne è composta.

Cosa ben diversa e afferrare un pugno di sabbia dove ci rendiamo conto dell'effettiva costituzione in granelli.

Lo stesso succede, quindi, quando osserviamo il microcosmo, allora ha senso parlare della costante h.

Se consideriamo un elettrone avente massa $m = 9.11 \cdot 10^{-31} Kg$ che si muove nella nostra ipotetica scatola delle dimensioni dell'ordine di grandezza pari a 10 volte il raggio atomico dell'idrogeno $2L = 53 \cdot 10^{-11} m$, con velocità v pari a circa l'1% della velocità della luce c, $v \approx 3.000.000$ m/s, otteniamo un valore dell'azione pari a circa $A \approx 2,90 \cdot 10^{-33} J \cdot s$, evidentemente dell'ordine di grandezza della minima azione h.

Nella trattazione precedente abbiamo per semplicità calcolato l'azione in un moto unidimensionale, in realtà è possibile effettuare anche il calcolo nello spazio tridimensionali con l'aiuto di un po' di matematica, ma a parte le complicazioni di calcolo, in sostanza il concetto espresso non varia.

2.4 QUANTIZZAZIONE

Tra il 1900 e il 1905, attraverso il contributo di Max Planck, utilizzando i risultati ottenuti nel corso della risoluzione della problematica della "catastrofe ultravioletta, e successivamente con l'apporto del fisico e filosofo tedesco Albert Einstein, al seguito dei suoi studi sull'effetto fotoelettrico, viene introdotto come costituente elementare della radiazione elettromagnetica, il "quanto di luce".

Questo "pacchetto minimo o quanto" di un'onda elettromagnetica, dotato sia di energia che di quantità di moto (massa per velocità), solo successivamente, nel 1926 circa, verrà chiamato "Fotone".

Il concetto di fotone fa diventare la radiazione elettromagnetica una particella, assoggettandola così alla teoria corpuscolare della luce; tale particella è fondamentalmente indivisibile, ha massa e carica elettrica nulla e si propaga alla velocità della luce.

Planck attraverso una semplice relazione correlò l'energia alla frequenza della radiazione elettromagnetica per mezzo della costante di proporzionalità h, per l'appunto denominata costante di Planck.

In tal modo l'energia di una radiazione elettromagnetica risultava quantizzata e non continua, con valori possibili di energia proporzionali ad una costante universale h ed alla sola frequenza della stessa radiazione.

Per un solo fotone possiamo scrivere:

$$(2.4.1) \quad E = h\nu$$

Con

ν = Frequenza radiazione elettromagnetica
h = Costante di Planck
E= Energia di un quanto di radiazione e.m. / fotone

La costante di Planck h, rappresentando l'azione minima possibile, viene definita come "quanto d'azione". Il suo valore costante è calcolato sperimentalmente ed è pari a 6,62606957 x 10^{-34} J s.

Si ribadisce come la costante di Planck sia la grandezza più importante della meccanica quantistica, avendo la sua introduzione sancito l'effettiva innovazione nei confronti della meccanica classica.

Dimensionalmente, tale costante assume l'aspetto di un'energia per un tempo.

Di frequente nelle trattazioni appare anche la costante ridotta $\hbar$, che si legge h tagliato e vale $\hbar = \frac{h}{2\pi}$

Per un numero n di fotoni la *(2.4.1)* si scrive:

$$E = n\, h\nu$$

La frequenza ν, secondo le già note conoscenze della meccanica ondulatoria, può essere altresì espressa in funzione della lunghezza d'onda e della velocità della luce nel vuoto

$$(2.4.2) \quad \nu = \frac{c}{\lambda}$$

Dove la lunghezza d'onda rappresenta la distanza tra i due massimi o i due minimi di intensità della funzione che descrive l'onda elettromagnetica

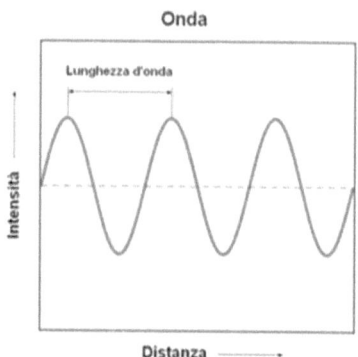

La *(2.4.1)* descrive per un solo fotone, o meglio per un solo quanto di radiazione, il valore dell'energia quantizzata proporzionalmente ad una costante *h*, tanto maggiore quanto maggiore è la frequenza dell'onda elettromagnetica o quanto minore è la lunghezza d'onda, senza dipendere dall'intensità della stessa radiazione.

L'indipendenza dall'intensità della radiazione comporta che un pacchetto o un quanto di luce appartenente allo spettro del visibile di forte intensità, possiede una energia inferiore ad un quanto di luce di più bassa frequenza, quale ad esempio il Laser. Per avere una radiazione energetica bisogna utilizzare radiazioni ad alte frequenze e non ad alte intensità.

Osservando lo spettro elettromagnetico, quale insieme di tutte le possibili frequenze delle radiazioni elettromagnetiche, di seguito riportato, si ricava che la parte a destra (raggi X, raggi γ, etc,), dove si trovano onde a più alta frequenza, individua radiazioni a più elevate energie rispetto alla parte di sinistra (luce del visibile, microonde, onde radio, etc.) aventi basse frequenze.

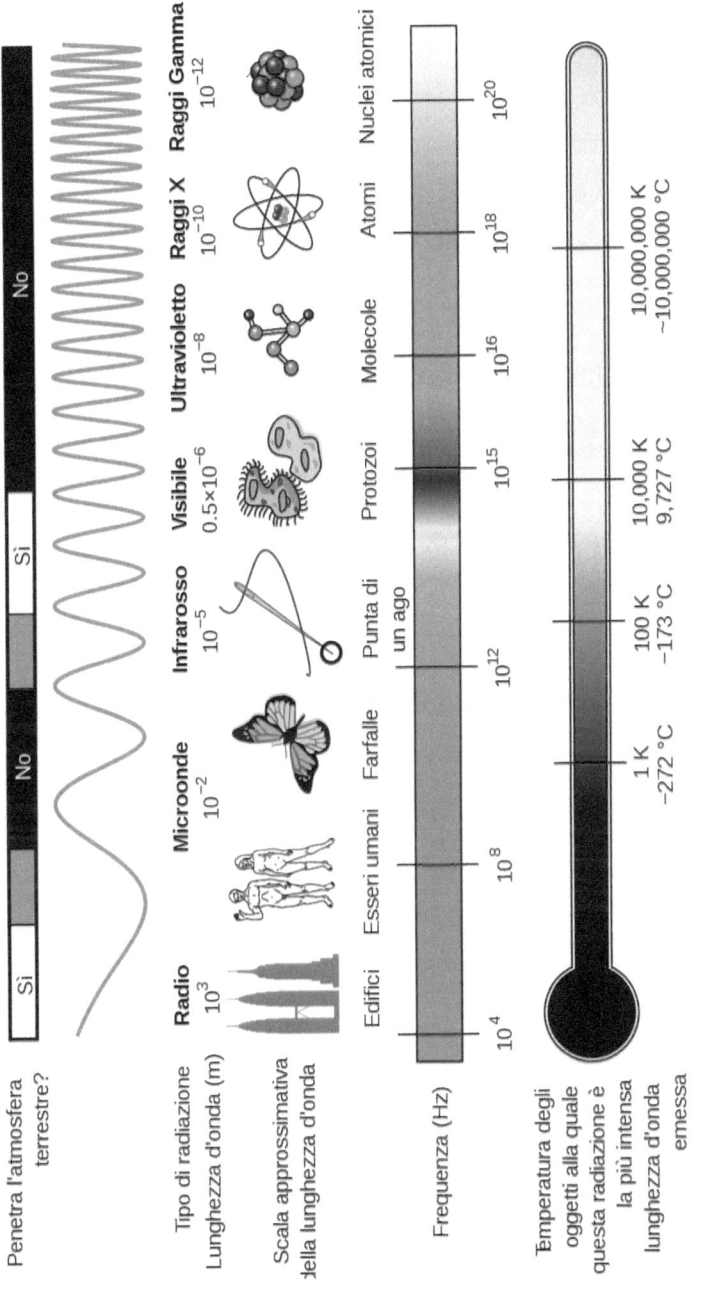

La *(2.4.1)* ci permette, altresì, con l'ausilio della famosa relazione di Einstein sull'equivalenza massa-energia, di calcolare la massa equivalente di un fotone, utile per un veloce confronto dimensionale tra radiazione elettromagnetica e particelle costituite da materia.

Partiamo dalla formulazione di Einstein dell'Energia totale associata ad una massa in movimento

$$E = m\,c^2$$

Per la formula di Planck, scritta sostituendo la *(2.4.2)* nella *(2.4.1)*, l'energia di un singolo fotone vale

$$E = h\,\frac{c}{\lambda}$$

Confrontando queste due ultime equazioni sulle energie si ottiene

$$m\,c^2 = h\,\frac{c}{\lambda}$$

Effettuando le opportune semplificazioni, si ottiene il valore della massa equivalente di un fotone:

$$(2.4.3)\quad m = \frac{h}{c\lambda}$$

Moltiplicando la relazione così ottenuta per la velocità della luce *c* ad ambo i membri, considerando che l'onda e.m. si propaga alla velocità della luce, si ottiene agevolmente anche la relazione della quantità di moto

$$(2.4.4)\quad p = m\,c = \frac{h}{\lambda}$$

La massa equivalente di un fotone, come si può facilmente dedurre dalla *(2.4.3)*, è inversamente proporzionale alla lunghezza d'onda, ovvero direttamente proporzionale alla frequenza.

Quanto maggiore è la massa equivalente di una radiazione tanto maggiore sono gli effetti che essa produce.

Ecco perché affinché il fotone possa far sentire la sua presenza ed i suoi effetti, è necessario che abbia una elevata frequenza o una bassa lunghezza d'onda.

Le radiazioni elettromagnetiche ad alta frequenza sono dette ionizzanti, perché riescono a strappare elettroni dall'atomo, per il loro elevato potere energetico e per il valore della massa equivalente confrontabile con la massa dell'elettrone con cui interagisce.

La luce visibile invece non riesce a far sentire i suoi effetti, perché la sua massa equivalente e circa 200.000 volte più piccola del già piccolo elettrone, come si può facilmente ricavare dal calcolo che segue.

Per meglio comprendere la differenza in termini numerici proviamo ad eseguire alcuni calcoli.

Ipotizziamo un fotone nel campo del visibile, avente lunghezza d'onda $\lambda = 0.5 \; 10^{-6}$ m.

Sostituendo i lavori di λ, h e c nella (2.4.3) si calcola la massa equivalente di detto fotone

$$m_{fv} = \frac{6{,}62606957 \; 10^{-34} \text{ J s}}{299.792.458 \frac{m}{s} \; 0{,}5 \; 10^{-6} \; m} = 4{,}42 \; 10^{-36} \frac{\text{J s}^2}{m^2}$$

Essendo $1 \text{ J} = 1 \; \frac{\text{Kg } m^2}{s^2}$ abbiamo

$$m = 4{,}42 \; 10^{-36} Kg$$

Conoscendo la massa dell'elettrone pari a $9{,}11 \cdot 10^{-31}$ possiamo calcolare il rapporto (massa elettrone)/(massa equivalente Fotone visibile)

$$r = \frac{m_e}{m_{f\nu}} = \frac{9{,}11 \ 10^{-31}}{4{,}42 \ 10^{-36}} = 206.108{,}60$$

Tale risultato evidenza una massa equivalente del fotone nel campo del visibile di gran lunga inferiore alla massa dell'elettrone, tale da scongiurarne una possibile interazione. Invece, se consideriamo una radiazione elettromagnetica ad alta frequenza, come ad esempio raggi gamma γ, abbiamo

$$\lambda = 10^{-12} \text{ m}$$

$$m_{f\gamma} = \frac{6{,}62606957 \ 10^{-34} \text{ J s}}{299.792.458 \frac{m}{s} \ 10^{-12} \ m} = 2{,}21 \ 10^{-30} Kg$$

il rapporto massa elettrone/massa eq. Fotone γ

$$r = \frac{m_e}{m_{f\gamma}} = \frac{9{,}11 \ 10^{-31}}{2{,}21 \ 10^{-30}} = 0{,}41$$

Il risultato ottenuto evidenza un valore della massa dell'elettrone inferiore alla massa equivalente del fotone γ, in linea con le proprietà ionizzanti dei raggi γ.

La possibile interazione delle onde elettromagnetiche con la materia pone dei vincoli nei processi di misura nel mondo microscopico.

Infatti per effettuare misure di particelle, quali ad esempio elettroni, è necessario utilizzare onde elettromagnetiche ad alta frequenza e bassa lunghezza d'onda, affinché si possa rilevarne, ad esempio la posizione.

Di contro, l'utilizzo di tale tipo di radiazione, ad elevato potere di interferenza con il moto stesso della particella, porta ad avere risultati influenzati dal processo di misura, diversamente da quanto succede nella fisica classica dove le radiazioni utilizzate per i processi di misura sono ad elevata lunghezza d'onda (luce visibile) senza nessun potere di interferenza nei confronti dello stato fisico osservato.

Eseguendo il calcolo della massa equivalente per i raggi X, che presentano un valore della lunghezza d'onda mediamente pari a $\lambda = 10^{-10}$ m, si ottiene un rapporto massa elettrone e massa equivalente fotone X pari a 41.

Detto valore manifesta un più basso valore di interazione dei fotoni X con la materia, rispetto ai raggi γ, e quindi un più basso potere ionizzante.

Questa particolarità dei raggi X viene sfruttata in campo medico per l'esecuzione delle radiografie ai corpi biologici.

Il funzionamento è basato sull'interazione tra un fascio di fotoni energetici, appunto raggi X, diretti da una sorgente a un recettore, con la materia interposta (corpo biologico).

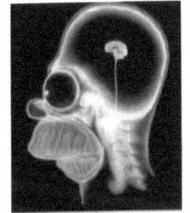

Gli atomi di tale corpo interferente, esclusivamente nelle zone di elevate densità atomica, impediscono ai fotoni di raggiungere il recettore, con la conseguenza di ottenere un'immagine fedele del corpo biologico "in negativo", essendo impressi sulla pellicola i soli fotoni che invece non vengono assorbiti.

Tale pratica fornisce solo informazioni di tipo morfologico del corpo biologico, quali ad esempio la presenza di fratture ossee o masse addensate.

La quantità di radiazione è ben dosata ed in quantità limitate, tale che in termini di paragone un volo aereo intercontinentale, andata e ritorno, dall'Europa all'America equivale ad eseguire 5 radiografie del torace.

Anche la TAC, acronimo di TOMOGRAFIA ASSIALE COMPUTERIZZATA, utilizza raggi X, in maniera più evoluta.

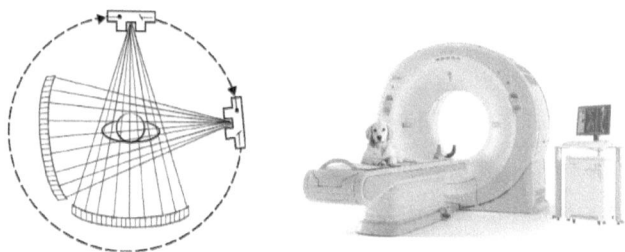

Attraverso l'utilizzo di una sorgente mobile, è possibile riprodurre più sezioni o strati (tomografia) corporei del paziente e di conseguenza effettuare elaborazioni tridimensionali.

Sottoporsi ad una TAC merita un po' più di attenzione considerato che una TAC del torace equivale ad effettuare circa 385 radiografie del torace.

COMMONS.WIKIMEDIA.ORG

Sulla porta d'ingresso della sua casetta di campagna a Tisvilde aveva attaccato a un chiodo un ferro di cavallo, il proverbiale portafortuna. Vedendolo un visitatore esclamò: "Un grande scienziato come lei crede veramente che un ferro di cavallo sull'uscio di casa porti fortuna?" "No" rispose Bohr, "Certo che non credo in queste superstizioni. Ma sa com'è", aggiunse con un sorriso, "dicono che porti fortuna anche a chi non ci crede!"

NIELS BOHR

https://dropseaofulaula.blogspot.com/2012/10/bohr-e-il-ferro-di-cavallo.html

2.5 MODELLO ATOMICO DI BOHR

Il fisico danese, Niels Bohr, nel 1913 risolse la problematica inerente la caduta dell'elettrone sul nucleo e di alcune discordanze sperimentali sugli spettri di emissione, proponendo opportune varianti rispetto al precedente modello atomico.

Bohr nasce a Copenaghen il 7 ottobre 1885. Suo padre Christian Bohr era un fisiologo danese, docente di fisiologia all'Università di Copenaghen e scopritore di un comportamento dell'emoglobina detto effetto Bohr. Suo nonno paterno Henrik Bohr fu insegnante e successivamente preside del Westenske Institut di Copenaghen. Sua madre, Ellen Adler Bohr, era una ricca borghese danese di origine ebraica, la cui famiglia era assai importante nell'ambiente bancario e parlamentare danese. Suo fratello, Harald Bohr, era un matematico e calciatore della nazionale danese, convocato alle Olimpiadi. Niels era un calciatore come il fratello, ma dilettante, di ruolo portiere, e giocò nel 1905 insieme al fratello in una delle squadre di Copenaghen. Bohr si laureò all'Università di Copenaghen nel 1911. Si trasferisce prima a Cambridge grazie ad una borsa di studio, dove spera di collaborare con J. J. Thomson per continuare le indagini sulla teoria dei metalli. Non riuscendo a lavorare con il fisico britannico, si cimenta nello studio dell'elettromagnetismo. Grazie ad un'altra borsa di studio, si trasferì poi all'Università di Manchester, in Inghilterra, dove studiò con Ernest Rutherford. Durante il suo periodo di studi con Rutherford, si occupa della riuscita di alcuni esperimenti sull'assorbimento da parte dell'alluminio delle particelle alfa, programma suggerito proprio da Rutherford. Questo progetto viene poi sospeso dallo stesso Bohr perché interessato al concetto teorico del suo nuovo modello atomico, originato dalla teoria orbitale dell'atomo scoperta da Rutherford. Dopo molti anni dalla morte di Rutherford, Bohr accetta di tenere il suo discorso commemorativo, conosciuto come il Rutherford Memorial Lecture, il 28 novembre 1958, all'Imperial College di Londra. Anche Albert Einstein fu amico di Bohr, ed è in una lettera a lui indirizzata nel 1926, che Einstein fece la sua famosa osservazione sulla meccanica quantistica, spesso parafrasata come "Dio non gioca a dadi con l'universo", a cui lui rispose "Non dire a Dio come deve giocare". Morì a Copenaghen il 18 novembre 1962.

Torniamo alla soluzione prospettata da Bohr per la descrizione del nuovo modello atomico.

Questa, consiste nella proposta di un modello con energia ed orbite quantizzate, seguendo la scia dei risultati ottenuti, in tema di quantizzazione da Max Planck da Albert Einstein.

In tale ipotesi, gli elettroni hanno possibilità di occupare solo settori spaziali multipli di valori discreti, così da costringere l'elettrone a non confluire nel nucleo centrale.

Prosegue così la sostituzione del concetto di continuità a favore di un processo di discretizzazione dei fenomeni naturali.

L'elettrone, ora occupa un'orbita quantizzata con un ben stabilito valore di energia, anch'essa quantizzata.

Lo stesso elettrone può cambiare orbita, ma sarà necessario fornire o sottrarre energia.

In una analogia nel mondo classico, possiamo pensare a valori discreti di energia in una forma a gradini, diversamente dai valori continui di energia raffigurabili con una linea inclinata.

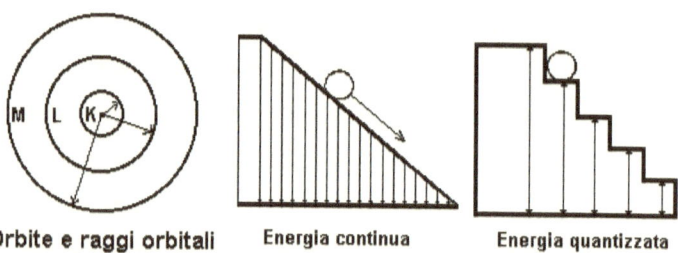

Orbite e raggi orbitali   Energia continua   Energia quantizzata

Una pallina posta su dei gradini, nel corso della sua discesa acquista velocità, guadagnando energia cinetica. Nel tentativo di far salire la pallina, invece, sarà necessario somministrare energia cinetica.

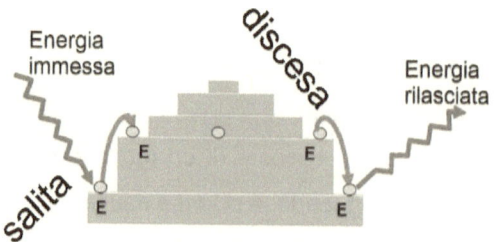

Allo stessa maniera della pallina dell'esempio precedente, l'elettrone può cambiare orbita, solo se avviene una cessione o immissione di energia quantizzata con o verso l'esterno, di entità almeno pari all'altezza del corrispondente gradino energetico.

Se l'elettrone passa da uno livello superiore in cui si trova, ad uno inferiore, dovrà perdere energia, materializzata attraverso l'emissione di un *"lampo di luce"* (fotone).

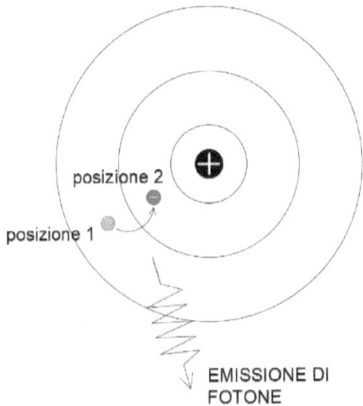

EMISSIONE DI FOTONE

Diversamente, immettendo energia, attraverso l'ingresso di un fotone o attraverso urti tra particelle, l'elettrone compie un salto quantico da un livello energetico inferiore a quello superiore e l'atomo si definisce "eccitato".

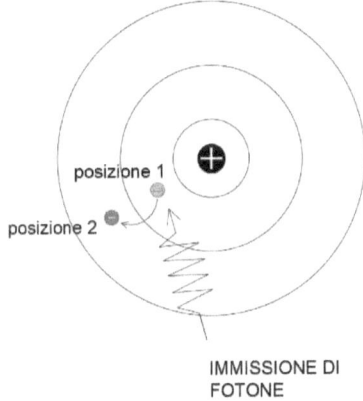

IMMISSIONE DI FOTONE

Tale stato eccitato però è instabile, con la conseguenza che l'elettrone tende a ritornare nella posizione iniziale, restituendo l'energia acquisita, attraverso l'emissione del fotone acquisito in precedenza.

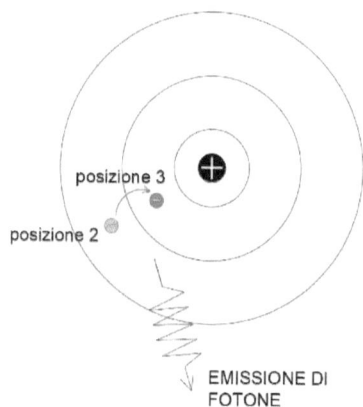

EMISSIONE DI FOTONE

Se l'energia immessa è eccessivamente alta è possibile che l'elettrone venga strappato dall'orbitale e l'atomo resta carico positivamente, avendo perso l'elettrone negativo. In questo ultimo caso, si dice che l'atomo diventa ionizzato.

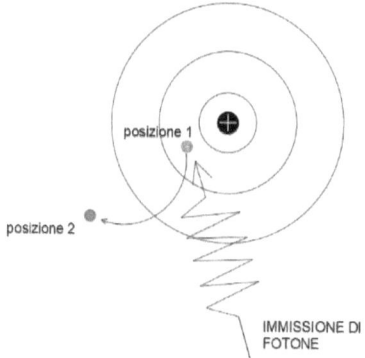

IMMISSIONE DI FOTONE

Questo stato dell'atomo ionizzato, è molto importante nei legami chimici, permettendo ad atomi normalmente neutri di combinarsi attraverso legami elettromagnetici per la composizione di molecole.

Altra variabile quantizzata introdotta da tale modello è il momento angolare o momento della quantità di moto.

$$(2.5.1)\ \vec{L} = \vec{r} \times \vec{p} = \vec{r} \times m\,\vec{v}$$

Tale variabile essendo un vettore, presenta le classiche tre componenti lungo i tre assi cartesiani x, y e z. Ricordiamo che un vettore è una entità geometrica caratterizzata da verso, direzione e intensità, idonea a rappresentare grandezze fisiche nello spazio.

Considerando il modulo del momento angolare, rispetto al centro di rotazione, Bohr, formulò il suo valore scalare quantizzato

$$(2.5.2)\ L = m\,v\,r = n\,\hbar$$

Con n = 1,2,3 ... (numeri interi), $\hbar$ è la costante ridotta di Planck, m, v ed r sono rispettivamente massa, velocità tangenziale e raggio dell'elettrone.

Stretta deduzione di tale assunzione è che anche il raggio orbitale risulta quantizzato ed in funzione esclusivamente del numero quantico principale n.

La quantizzazione del momento angolare e dei raggi delle orbite, permette di risolvere la problematica dell'attesa caduta dell'elettrone sul nucleo.

Da un punto di vista analitico, per il modello dell'atomo di idrogeno, ponendo come posizione di equilibrio l'uguaglianza della forza centripeta con la forza di attrazione delle cariche elettriche, in analogia a quanto già eseguito con il modello di Rutherford con la *(2.1.3)*, e moltiplicando ad ambo i membri per r^2, si ottiene

$$(2.5.3) \quad \frac{1}{4\pi\varepsilon_0} e^2 = m v^2 r$$

Sostituendo la *(2.5.2)* nella precedente *(2.5.3)*

$$\frac{1}{4\pi\varepsilon_0} e^2 = v n \hbar$$

Isolando la variabile velocità

$$v = \frac{1}{4\pi\varepsilon_0 n \hbar} e^2$$

sostituendo questa nella *(2.5.3)* si ottiene

$$\frac{1}{4\pi\varepsilon_0} e^2 = m \left(\frac{1}{4\pi\varepsilon_0 n \hbar} e^2\right)^2 r$$

$$\frac{1}{4\pi\varepsilon_0} e^2 = m \frac{1}{16\pi^2\varepsilon_0^2 n^2 \hbar^2} e^4 r$$

Semplificando

$$1 = m \frac{1}{4\pi\varepsilon_0 n^2 \hbar^2} e^2 r$$

Isolando la variabile raggio r e sostituendo ad h il valore $\hbar = \frac{h}{2\pi}$

$$(2.5.4) \quad r = \frac{\varepsilon_0 h^2}{m e^2} n^2 = k n^2$$

Abbiamo così ottenuto, una relazione dove il raggio atomico dipende esclusivamente dalla variabile quantizzata n =1,2,3, etc., mentre gli altri valori sono tutti delle costanti.

Sostituendo *n=1* si ottiene la misura della minima distanza dell'elettrone dal nucleo, nell'atomo di idrogeno, che viene denominato raggio di Bohr.

Tale valore calcolato risulta essere in perfetto accordo con i dati sperimentali.

In definitiva nel modello atomico di Bohr, assegnato il numero quantico principale *n*, risulta univocamente determinato il raggio dell'orbita ed il corrispondente livello energetico. Utilizzando la relazione quantizzata del raggio orbitale di cui alla (2.5.4) è possibile calcolare facilmente il valore della corrispondente energia quantizzata.

Sostituendo la (2.5.4) nella relazione che individua l'energia totale, nel caso dell'atomo di idrogeno, espressa dalla (2.1.5) si ottiene:

$$(2.5.5) \quad E_t = -\frac{1}{8\pi\varepsilon_0}\frac{e^2}{k\,n^2} = k'\frac{1}{n^2}$$

Il valore dell'energia totale in un orbitale quantizzato è esprimibile attraverso una relazione di proporzionalità inversa al quadrato del suo numero quantico.

A partire da quest'ultima, è possibile calcolare la necessaria frequenza (ν) o la lunghezza d'onda (λ) della radiazione, di un singolo fotone, da utilizzare per far eseguire un salto quantico ad un elettrone, ovvero come si dice in gergo "eccitarlo".

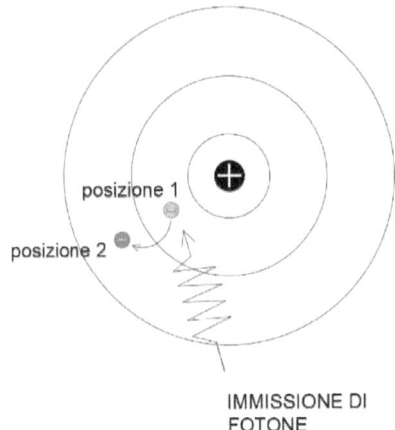

IMMISSIONE DI FOTONE

A tale scopo sarà prima di tutto necessario calcolare la variazione di energia nel caso del salto quantistico a seguito dell'eccitazione dell'elettrone, applicando allo stato finale ed iniziale il risultato ottenuto dalle ipotesi di quantizzazione di Bohr, di cui alla relazione (2.5.5),

$$(2.5.6)\ \Delta E_t = k'\frac{1}{n_f^2} - k'\frac{1}{n_i^2} = k'\left(\frac{1}{n_f^2} - \frac{1}{n_i^2}\right)$$

Con n_f e n_i, rispettivamente i livelli energetici iniziale e finale. Esprimendo il valore dell'energia, ceduta o assorbita, in funzione della frequenza, attraverso la legge di Planck

$$\Delta E = h\,\nu$$

ed esplicitando il tutto nella variabile frequenza ν

$$(2.5.7)\ \nu = \frac{\Delta E}{h}$$

sostituendo la *(2.5.6)* nella *(2.5.7)* si ottiene

$$(2.5.8)\ \nu = \frac{k'}{h}\left(\frac{1}{n_f^2} - \frac{1}{n_i^2}\right)$$

Accorpando tutti i valori costanti in una nuova costante denominata R, abbiamo così ottenuto la ricercata relazione che esprime la frequenza del fotone necessaria a causare un salto quantistico dall'orbitale n_i all'orbitale n_f.

$$\nu = R\left(\frac{1}{n_f^2} - \frac{1}{n_i^2}\right)$$

La stessa relazione è esprimibile in termini di lunghezza d'onda, sostituendo il noto il rapporto frequenza/ lunghezza d'onda di cui alla *(2.4.2)* nella *(2.5.8)*

$$\frac{c}{\lambda} = \frac{k'}{h}\left(\frac{1}{n_f^2} - \frac{1}{n_i^2}\right)$$

accorpando tutte le costanti in una nuova costante denominata R', abbiamo

$$(2.5.9) \quad \frac{1}{\lambda} = R' \left(\frac{1}{n_f^2} - \frac{1}{n_i^2} \right)$$

Quest'ultima è in armonia con la relazione del fisico e matematico svedese Johannes Robert Rydberg, conosciuto anche come Janne, che formulò la sua relazione per la descrizione dello spettro dell'atomo di idrogeno ovvero di tutte le possibili lunghezze d'onda della luce che l'atomo di idrogeno è capace di emettere.

In definitiva il modello atomico di Bohr partendo da postulati di quantizzazione dell'energia e del raggio orbitale, in funzione del numero quantico principale n, riesce bene a descrivere bene il comportamento dell'atomo di idrogeno, o comunque ogni altro tipo di atomo avente un solo elettrone orbitante (atomi idrogenoidi).

Per atomi pluri-elettronici, invece, tale modello non riusciva a dare confortanti risultati rispetto a quelli sperimentali, quindi necessitava di essere necessariamente perfezionato.

COMMONS.WIKIMEDIA.ORG
"Un esperto è un uomo che ha fatto tutti gli errori che è possibile compiere in un campo molto ristretto."

NIELS BOHR
https://www.frasicelebri.it/frasi-di/niels-bohr/

2.6 MODELLO ATOMICO QUANTISTICO

Il modello atomico di Bohr, se pur prevedeva l'innovativa quantizzazione dell'energia e del momento angolare, restava pur sempre ancorato alla classica idea dell'elettrone in orbita, secondo una definita traiettoria di tipo classico.

Le ipotesi di quantizzazione introdotte nell'atomo di Bohr, ha comunque costituito le basi per un più elaborato modello quantistico, denominato anche "modello secondo l'interpretazione o scuola di Copenaghen", in onore della capitale che diede i natali a Niels Bohr.

Attraverso l'apporto di ulteriori teorie formulate da altri illustri scienziati quali Pauli, Dirac, Sommerfeld, Heisenberg, Schrödinger, viene così definito un nuovo modello atomico "quantistico" denominato "modello standard (MS)" oppure come già detto "modello secondo l'interpretazione o scuola di Copenaghen", considerato uno dei modelli più diffusi alla base degli studi di fisica quantistica.

Il nuovo modello atomico diventa più complesso ed idoneo a descrivere il comportamento anche degli atomi pluri-elettronici, con positivi riscontri sperimentali degli spettri di emissione atomici.

Nell'atomo quantistico, l'elettrone non ha più una traiettoria specifica, ma occupa determinate aree definite orbitali, nella formazione dell'atomo.

La nuova formulazione quantistica dell'atomo si basa sull'ipotesi di quantizzazione di ulteriori elementi descrittivi della struttura atomica, rispetto al più semplice atomo di Bohr.

È' possibile definire opportune grandezze di stato, anch'esse quantizzate, denominate numeri quantici, molto utilizzate particolarmente in chimica, indicate con le lettere: *n, l, m, s*.

I numeri quantici dieventano rappresentativi della quantizzazione dell'energia, della forma e dell'orientamento degli orbitali, oltre che della quantizzazione del momento angolare intrinseco denominato Spin.

Il numero quantico principale, indicato con la lettera *n*, rappresenta il livello di energia quantizzato così come già utilizzato nel modello atomico di Bohr, di cui alla *(2.5.5)*.

La quantizzazione degli orbitali in forma e orientamento, determina l'identificazione di un particolare spazio orbitale, opportunamente conformato ed orientato spazialmente, occupato da elettroni per ogni determinato livello energetico.

Alla forma è associato il numero quantico secondario indicato con la lettera l, rappresentativo del momento angolare o

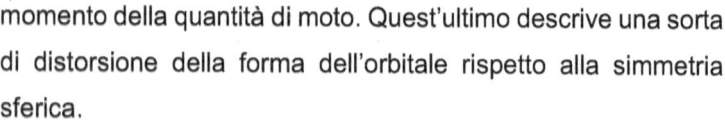

momento della quantità di moto. Quest'ultimo descrive una sorta di distorsione della forma dell'orbitale rispetto alla simmetria sferica.

L'utilizzo del numero quantico secondario, deriva da analoghe considerazioni introdotte dal fisico tedesco Arnold Johannes Wilhelm Sommerfeld (nel corso della sua docenza di fisico teorico presso l'Università Ludwig Maximilian di Monaco ebbe fra i suoi studenti Werner Heisenberg e Wolfgang Pauli, ai quali supervisionò le tesi di dottorato).

Sommerfeld ipotizzò che gli elettroni viaggiassero intorno al nucleo in orbite ellittiche, in analogia alle orbite planetarie, anziché con orbite circolare.

Dette orbite ellittiche potevano avere diversi rapporti dei semiassi, risultando quindi diversamente schiacciati.

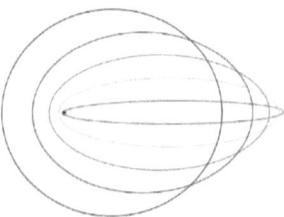

In maniera analoga a quanto ipotizzato da Sommerfeld, per il modello atomico quantistico viene introdotto il numero quantico secondario l, indicativo dell'entità dello schiacciamento rispetto alla indeformata forma sferica.

Il suo valore può variare come numero intero in funzione del numero quantico principale: da 0 a $n-1$

(2.6.1) $0 \leq l \leq n-1$

Sulla base di tale relazione, si ottiene che per il primo livello energetico $n=1$, il numero quantico secondario può assumere solo valore nullo $l=n-1=1-1=0$. Il valore nullo di l corrisponde appunto ad una assenza di distorsione spaziale della simmetria sferica.

Di conseguenza l entra in gioco dal secondo livello energetico in poi, dove essendo il valore del numero quantico principale n pari a 2, il numero quantico l per la (2.6.1) può assumere valori pari a 0 o pari a 1.

Indicati con la lettera s, anticipati dal valore del numero quantico principale n, le configurazioni atomiche caratterizzate da un valore del numero quantico secondario nullo, $l=0$, sono a completa simmetria sferica della forma orbitale.

Gli orbitali aventi $l=0$ sono quindi indicati come 1s, 2s, 3s ...etc, al variare dei livelli energetici, ovvero al variare del numero quantico principale.

Il valore $l=1$, indica orbitali con una partcicolare distorsione a simmetria assiale. Questi orbitali vengono rappresentati con la lettera p, anticipati dal numero quantico principale e seguiti dall'asse di simmetria di riferimento, in modo tale da venire denominati $2p_x\,2p_y\,2p_z$, $3p_x\,3p_y\,3p_z$, ...etc.

Gli orbitali di tipo p sono suddivisi in tre sottolivelli ognuno simmetrico rispetto ad un asse cartesiano.

Ognuno dei tre orbitali di tipo p presenta un piano nodale: il piano passante per il nucleo e perpendicolare all'asse di simmetria dell'orbitale, inteso come luogo geometrico dove all'elettrone non ha possibilità di occupare il suo spazio.

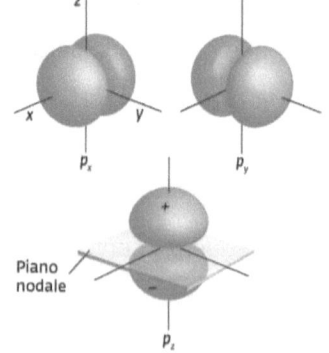

I tre orbitali p possiedono la stessa energia e, poiché gli orbitali aventi la stessa energia vengono chiamati degeneri, diremo che gli orbitali *p* sono tre volte degeneri.

I valori successivi di l = 2, 3, 4, rappresentano forme più articolate, tanto che per i valori pari a 3 e 4 gli orbitali non possono essere rappresentati graficamente perché molto complessi.

In particolare per l=2, ogni orbitale ha due piani nodali o una superficie nodale. Questi orbitali vengono denominati con la lettera *d*, anticipati dal numero quantico principale e seguiti da lettere identificative degli assi di simmetria: $3d_z^2$ $3d_{xz}$ $3d_{yz}$ $3d_{xy}$ $3d_{x^2-y^2}$, $4d_z^2 4d_{xz} 4d_{yz} 4d_{xy} 4d_{x^2-y^2}$ ..etc
Gli orbitali di tipo *d* sono cinque volte degeneri.

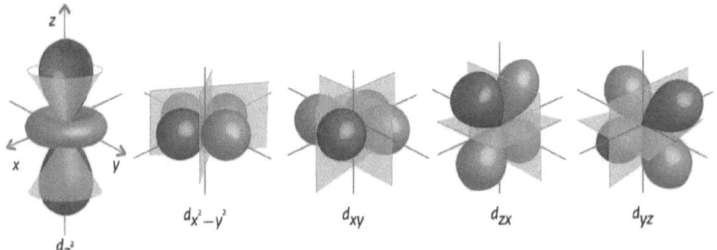

Gli orbitali con numero quantico secondario l=3, identificati con la lettera *f,* in chimica teorica vengono presi in considerazione abbastanza raramente.

Orbitali con l=4, denominati con la lettera *g,* generalmente vengono ignorati del tutto anche se teoricamente possibili.

L'orientamento dell'orbitale, che permette di distinguere i già visti sottolivelli per ciascun tipo di orbitale, è rappresentato dal numero quantico magnetico *"m"*.

Il numero quantico magnetico *m* può variare come numero intero tra $-l$ e $+l$:

$$(2.6.2) \quad -l \leq m \leq +l$$

Il valore del numero quantico magnetico *m* identifica l'orientamento dell'orbitale, attraverso il valore identificativo dell'asse di simmetria, posto come pedice della lettera corrispondente dell'orbitale: $2p_x\ 2p_y\ 2p_z,\ 3d_z{}^23d_{xz}\ 3d_{yz}\ 3d_{xy}\ 3d_{x^2-y^2}...etc.$

Proseguiamo ad un riepilogo a mezzo di un esempio esplicativo. in corrispondenza di un numero quantico principale *n=1*, per la *(2.6.1)* e la *(2.6.2)* succede che l'unico numero quantico secondario possibile è pari a *l=0*, come pure *m=0*, di conseguenza l'orbitale assume la forma con simmetria sferica.

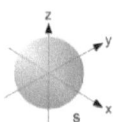

In corrispondenza di uno stato con numero quantico principale pari a *n=2*, per la *(2.6.1)* possiamo avere che *l* può assumere i soli valori *0* e *1*.

Di consequenza, per lo stesso stato, *m* in corrispondenza del valore *l=0*, per la *(2.6.2)*, assume valore nullo ed in corrispondenza del valore *l=1*, può assumere i rispettivi valori -*1, 0* e *+1*.

Per *l=0* l'orbitale è di tipo sferico, mentre per *l=1* l'orbitale ha una forma a simmetria assiale orientata rispetto ai tre assi cartesiani, al variare dei tre valori possibili del suo numero quantico magnetico m=-1, m=0 ed m=+1. La denominazione dell'orbitale comprende l'identificazione dell'asse cartesiano (x,y,z), posto al pedice della lettera rappresentativa dello stato quantico secondario (p_x, p_y, p_z).

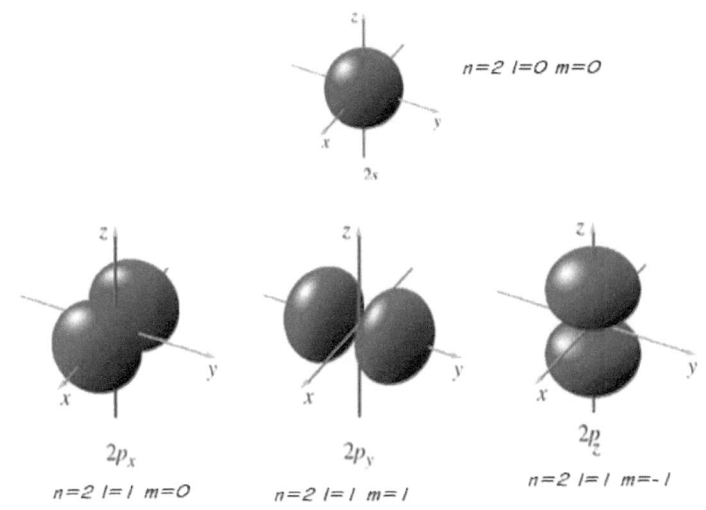

Per uno stato con numero quantico pari a *n=3*, possiamo avere che l può assumere i valori fino a *n-1*, quindi, per la *(2.6.1)*, i valori *0, 1 e 2*.

In corrispondenza del valore l =0, per la *(2.6.2)*, si ha che *m* assume valore nullo. Per l =1 , *m* può assumere i rispettivi tre valori *-1, 0* e *+1*, che corrispondono agli orbitali di tipo *p* tre volte degeneri.

In corrispondenza del valore l =2, sempre per la *(2.6.2)*, *m* può assumere ben cinque valori compresi tra $-l$ a l.

I valori possibili di *m* saranno pari a *-2,-1,0,1,2*, corrispondenti agli orbitali di tipo *d* cinque volte degeneri.

La figura che segue riassume tutte le forme ed orientamento dei possibili orbitali, in corrispondenza di ciascun stato energetico.

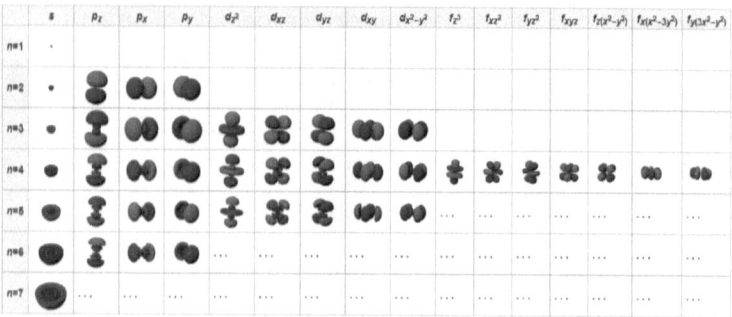

COMMONS.WIKIMEDIA.ORG
"Nel creare il mondo Dio ha usato della bella matematica."
PAUL ADRIEN MAURICE DIRAC
https://www.frasicelebri.it/frasi-di/paul-adrien-maurice-dirac/

2.7 NUMERO QUANTICO DI SPIN

Nel paragrafo precedente sono state esposte le caratteristiche dei primi tre numeri quantici, tralasciando il numero quantico denominato spin, quale ulteriore grado di libertà quantistico della particella.

Lo *spin*, data la sua maggior complessità, merita maggior approfondimento per comprenderne la natura.

Il *"numero quantico di spin"*, viene indicato con la lettera s, ed è un numero che quantizza la corrispondente grandezza quantistica vettoriale, di tipo particolare. Tale grandezza di stato quantistica è denominata *"momento angolare intrinseco o di spin"* e viene indicata come $\vec{s}$.

Il *numero quantico di spin s*, invece, è uno scalare associato al modulo della grandezza vettoriale momento angolare di spin.

Quando si parla di SPIN in modo generico, a rigore bisognerebbe specificare se trattasi di *numero quantico di spin* o di *momento angolare di spin*.

Semplicemente sulla base del valore assunto dal numero quantico *s* è possibile distinguere il tipo di particella, in maniera indipendente dalla massa.

Valori di *spin* intero (0,1,2,...) identificano le particelle di tipo bosone, mentre valori di spin semintero (1/2, 3/2, 5/2,..) identificano le particelle di tipo fermione.

La natura delle particelle bosoniche e fermioniche sarà opportunamente approfondita nei capitoli successivi.

Il *momento angolare di spin* è una grandezza fisica il cui modulo può essere espresso in funzione del corrispondente *numero* quantico di spin e della costante di Planck ridotta, secondo la relazione che segue

$$(2.7.1) \quad S = \sqrt{s(s+1)}\, \hbar$$

A differenza di altri numeri quantici, lo *spin* esiste anche per particelle aventi massa nulla.

Per il fotone, ad esempio, il *numero quantico di spin*, può assumere solo valore intero pari a *s=1*, da cui applicando la *(2.7.1)* si ottiene un modulo del *momento angolare di spin* pari a $S = \sqrt{2}\, \hbar$.

Per l'elettrone, invece, si trova sperimentalmente un valore del *numero quantico di spin* pari a ½, di conseguenza il modulo del *momento angolare di spin*, applicando la *(2.7.1)* vale

$$(2.7.2)\, S = \sqrt{\frac{1}{2}(\frac{1}{2}+1)}\, \hbar = \sqrt{\frac{3}{4}}\, \hbar = \frac{\sqrt{3}}{2}\, \hbar$$

Il *momento angolare di spin* è una particolare forma del momento angolare denominato intrinseco, da non confonder con il momento angolare dell'elettrone in rotazione intorno al nucleo.

L'esistenza di uno SPIN associato alle particelle è stata inizialmente dedotta teoricamente e solo successivamente riscontrata sperimentalmente, per necessità di compensare una carenza del solo classico momento angolare o momento della quantità di moto.

Relativamente al moto dell'elettrone nell'atomo di idrogeno, venne notato che il solo momento angolare orbitale non rappresentava una costante del moto, come invece doveva essere.

Il momento angolare orbitale deve essere rispettoso del principio di conservazione, trovandosi l'elettrone in movimento in condizioni di un campo di forze centrali, quale è la forza di attrazione elettrostatica protone-elettrone.

Rappresentiamo su un sistema di assi cartesiani ortogonali, un elettrone orbitante, nell'atomo di idrogeno, avente velocità v comunque orientata, e massa m

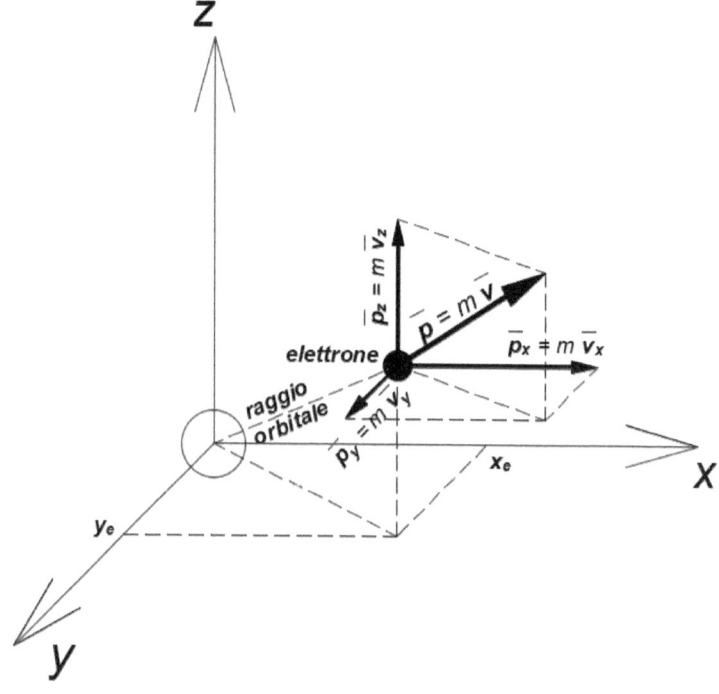

Esaminiamo solo la componente lungo l'asse z del momento angolare.

Dalla figura sopra riportata, nota la direzione del momento lungo l'asse delle z, si può ricavare il suo valore scalare, tenendo conto delle condizioni di perpendicolarità delle componenti

$$L_z = p_x y_e - p_y x_e = m\left(v_x y_e - v_y x_e\right)$$

La sua derivata temporale risulta essere pari a

$$\frac{dL_z}{dt} = \frac{d\,m\left(v_x y_e - v_y x_e\right)}{dt} = m\,\frac{d(v_x y_e - v_y x_e)}{dt} = m\left(\frac{d(v_x y_e)}{dt} - \frac{d(v_y x_e)}{dt}\right) =$$

$$= m\left(v_x \frac{dy_e}{dt} + y_e \frac{dv_x}{dt} - v_y \frac{dx_e}{dt} - x_e \frac{dv_y}{dt}\right) = m\left(v_x v_y + y_e \frac{dv_x}{dt} - v_y v_x - x_e \frac{dv_y}{dt}\right) =$$

$$= m\left(y_e \frac{dv_x}{dt} - x_e \frac{dv_y}{dt}\right) = m\left(y_e \frac{d^2 x_e}{dt^2} - x_e \frac{d^2 y_e}{dt^2}\right)$$

E' evidente come tale ultimo valore è pari a zero solo in determinate condizioni, ovvero quando è soddisfatta l'equazione che segue

$$y_e \frac{d^2 x_e}{dt^2} = x_e \frac{d^2 y_e}{dt^2}$$

Per tutti i valori che non soddisfano la precedente equazione differenziale, la derivata temporale della componente esaminata del momento angolare resta diverso da zero, tale da poter affermare che

$$\frac{dL_z}{dt} \ne 0$$

Generalizzando, per tutte e tre le componenti, si può ammettere che il solo momento angolare orbitale non si conserva.

Sulla base di tali osservazioni, risultò necessario introdurre un nuovo termine affinché il momento angolare complessivo potesse essere una costante del moto.

E' così, che in aggiunta al momento angolare venne introdotto una nuova entità: il momento angolare intrinseco o di spin.

A detto momento angolare intrinseco gli venne assegnato l'appellativo SPIN, dall'inglese "giro vorticoso", proprio perché alla particella si associò una sorta di rotazione intorno al proprio asse, in modo simile alla rotazione terrestre.

In definitiva il momento angolare totale, per l'elettrone orbitante, è costituito da due valori, vettorialmente pari a

$$\vec{M} = \vec{L} \pm \vec{S}$$

Avendo indicato con il vettore $\vec{L}$ l'aliquota relativa al momento angolare orbitale pari a $\vec{L} = \vec{r} \times m\vec{v}$ e con il vettore $\vec{S}$ il momento angolare intrinseco o di spin.

Il vettore $\vec{S}$, diversamente dal vettore $\vec{L}$, è un vettore particolare a componenti complesse, rappresentato, come meglio approfondiremo in seguito, da un operatore lineare di tipo complesso operante su un vettore di stato del sistema.

Il solo modulo del momento angolare di spin, invece, per la *(2.7.1)*, risulta assumere un valore reale, già espresso in funzione del valore reale associato al numero quantico di spin.

Il vettore di spin $\vec{S}$ è un'entità di tipo algebrico più che geometrica, tant'è che può essere rappresentato con opportune matrici-vettori a componenti immaginarie.

Mentre in fisica classica le variabili che descrivono uno stato di un sistema sono sempre misurabili, in fisica quantistica bisogna fare distinzione sul tipo di variabile considerata.

Una grandezza quantistica, che è in qualche modo misurabile direttamente tramite opportuni strumenti di misura, oppure indirettamente attraverso calcolo analitico è definita "osservabile".

Nel caso dello spin, il numero quantistico associato assume la forma di una grandezza misurabile e quindi di una "osservabile".

In particolare per la grandezza vettoriale *momento angolare di spin* è possibile eseguire misure delle singole componenti lungo gli assi cartesiani.

A tale proposito introduciamo l'ulteriore grandezza denominata m_s "*numero quantico magnetico di spin o numero quantico secondario di spin*", che, quale osservabile, è il valore che quantizza la componente lungo l'asse considerato, del momento angolare intrinseco attraverso la seguente relazione

$$S_z = m_s \hbar$$

Il *numero quantico secondario di spin* m_s può assumere solo valori, interi o frazionari, nei limiti del valore assunto dal *numero quantico di spin* e compresi tra *–s, (-s+1), ...(s-1),s*:

$$-s \leq m_s \leq +s$$

Nel caso dell'elettrone, abbiamo *s=1/2* ed i corrispondenti valori possibili di m_s sono *-1/2* e *+1/2*; di conseguenza i valori delle due componenti del *momento angolare intrinseco* lungo tale asse, diventano rispettivamente pari a $S_z = +\frac{1}{2}\hbar$ e $S_z = -\frac{1}{2}\hbar$.

Nel caso *s=1* abbiamo per m_s i valori possibili *-1, 0, +1*.

Il numero quantico di spin secondario m_s riveste grande importanza, in quanto ci permette di distinguere stati quantistici aventi stessi numeri quantici.

Per riepilogare, abbiamo visto che lo stato del *momento angolare di spin* è rappresentabile con un vettore particolare a componenti complesse, per il quale è possibile conoscere solo il suo modulo.

Invece, il *numero quantico di spin* che quantizza il momento angolare di spin è uno scalare e viene indicato con la lettera s.

Abbiamo anche introdotto un ulteriore *numero quantico di spin secondario* indicato con la lettera m_s che quantizza la componente del momento angolare di spin lungo un solo asse cartesiano.

Quest'ultima è proprio la grandezza che normalmete viene semplicemente indicata come *spin*.

Lo *spin* è misurabile sperimentalmente come componente lungo un asse di riferimento.

Vediamo come funziona il meccanismo di misura dello *spin*.

La misura sperimentale del *momento angolare intrinseco* di una particella, come componente lungo una sola direzione, è possibile per la caratteristica che quest'ultimo è funzione del momento magnetico.

In analogia ad una spira microscopica percorsa da corrente, l'elettrone avente carica elettrica negativa, ad esempio, nel corso della rotazione intorno al proprio asse, genera un dipolo magnetico, ovvero un campo magnetico con i due poli Nord e Sud opposti.

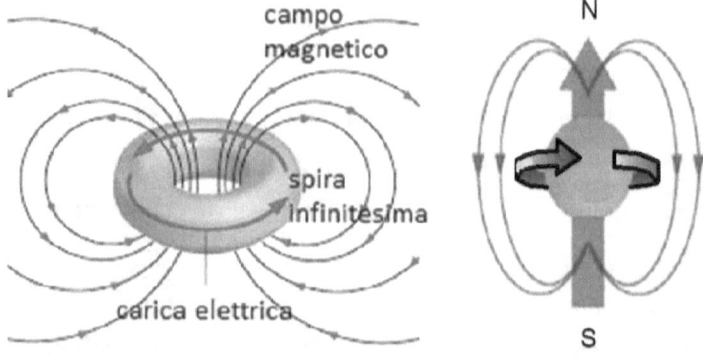

Il corrispondente momento magnetico viene individuato con un vettore orientato ortogonalmente al piano di rotazione della carica elettrica

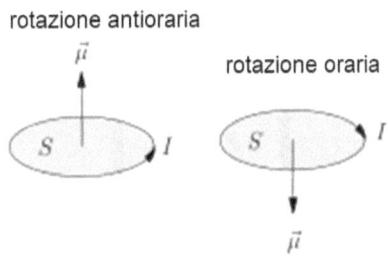

Il dipolo magnetico presenta la caratteristica di orientarsi in una determinata direzione, se immerso in un campo magnetico, ed è propria questa caratteristica che permette di effettuare misure di Spin.

Il limite della conoscenza del momento magnetico di Spin è rappresentato dalla possibilità di eseguire la sua misura lungo una sola componente per volta.

Infatti, essendo il campo magnetico un campo vettoriale, applicando al fine della misurazione due campi magnetici, questi si sommerebbero vettorialmente tra loro, dando origine ad un nuovo campo magnetico orientato lungo una nuova direzione risultante.

La misura dello stato di spin di un elettrone, come componente lungo un'asse, può essere verificata attraverso l'esperimento di Stern-Gerlach, già ideato nel 1922, dai fisici tedeschi Otto Stern e Walther Gerlach.

L'apparato sperimentale è costituito da un generatore di campo magnetico non uniforme, attraverso il quale vengono fatti passare atomi di argento e rilevati su apposito schermo.

Il valore di spin misurato, sarà relativo all'elettrone spaiato presente nell'ultimo orbitale dell'atomo di argento, l'orbitale $5s^1$, dove è presente un solo elettrone, come si può rilevare dalla lettura della tavola periodica.

Per una particella che si muove in un campo magnetico omogeneo, le forze esercitate sulle estremità opposte del dipolo, Nord e sud, si cancellano a vicenda e la traiettoria della particella non viene modificata, per tale motivo per l'apparato sperimentale viene utilizzato un campo magnetico non uniforme.

Una particella che attraversa un campo magnetico non omogeneo, sarà soggetto ad una forza che ad una estremità del dipolo sarà leggermente maggiore di quella all'estremità opposta; questo causa la deflessione della particella.

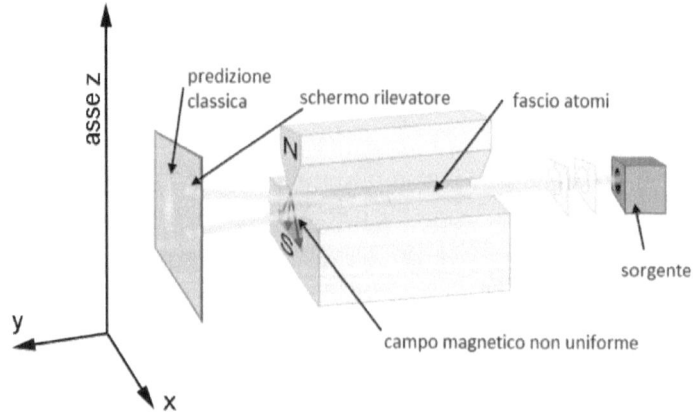

Come risultato si ottiene che gli atomi, a causa dello spin dell'elettrone spaiato, deviavano lungo solo due direzioni opposte, come evidente espressione dello stato di quantizzazione della grandezza misurata.

Diversamente, se il numero di Spin non avesse avuto valori quantizzati ma continui, secondo una predizione classica, gli atomi all'uscita dal campo magnetico sarebbero dovuti deviare in tutte le possibili posizioni, anche intermedie, comprese tra i valori massimi.

Questo fenomeno pone in evidenza chiaramente la quantizzazione dello stato quantistico di Spin.

Quindi nella componente dell'asse z il vettore S di cui sopra, può assumere solo valori verso l'alto e verso il basso, denominati rispettivamente direzioni up e down, tale da avere valori delle due componenti di momento di spin possibili pari a

$$S_u = +\frac{1}{2}\hbar, \quad S_d = -\frac{1}{2}\hbar$$

Graficamente gli stati di spin vengono così rappresentati:

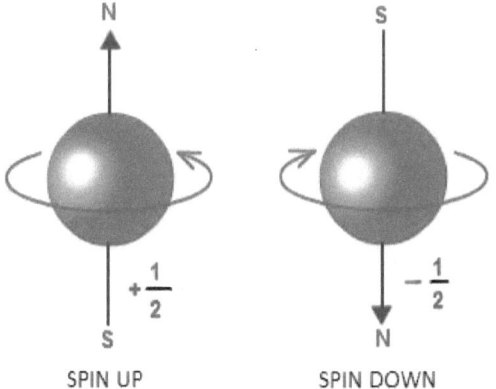

SPIN UP   SPIN DOWN

Lo Spin in modo semplicistico, nel tentativo di assegnare una interpretazione di tipo classico, richiama la rotazione della particella carica intorno al proprio asse e può essere espresso come quel valore che indica il numero di giri che dovrà eseguire la particella affinché possa mostrare nuovamente la stessa faccia.

Proseguendo per analogia, consideriamo un pianeta, che ruota su se stesso, come la Terra ad esempio.

Dopo un giro completo compiuto dal pianeta quante volte sarà mostrata la faccia d'origine?

La risposta è "uno", una sola volta dopo una rotazione di 360°.

Prendiamo ora, una moneta con due facce uguali Testa-Testa.

La moneta mi mostrerà la faccia Testa dopo una rotazione di 180°, e nuovamente la faccia Testa dopo la rotazione di 360°, in totale mi mostrerà la faccia richiesta per due volte, nel corso di una rotazione completa.

Questo valore, se il pianeta e la moneta fossero delle particelle quantistiche, rappresenterebbe lo spin associato.

Sulla base degli esempi precedenti, il pianeta ha Spin 1 e la moneta T-T ha spin 2.

Per le particelle non si parla però di facce da mostrare nuovamente, ma di direzione della rotazione.

Una particella con Spin ½, vuol dire che dopo un giro di 360° non riesce a mostrare nuovamente la stessa direzione iniziale, ma avrà bisogno di ben 2 giri. Si può anche dire che tale particella in un giro completo mostra solo per metà la direzione iniziale.

Una particella di spin 0 (zero) invece vuol dire che dopo un giro completo mostra zero volte la propria direzione di rotazione, e così sarà anche dopo infiniti giri, e quindi la particella a spin 0, non cambia direzione di rotazione.

Possiamo interpretare lo spin frazionario anche, come se l'elettrone ruotando si muovesse adagiato sopra un nastro di Möbius., tale da mostrare la stessa direzione di rotazione dopo 2 giri.

La misura del valore dello stato di spin trova una importante applicazione nel campo medico attraverso la RMN (Risonanza Magnetica Nucleare).

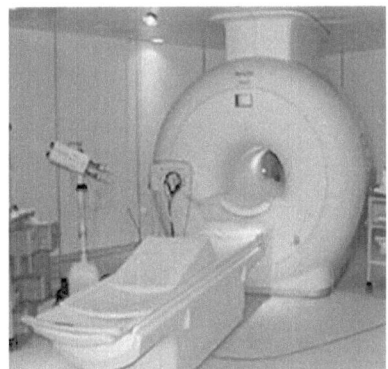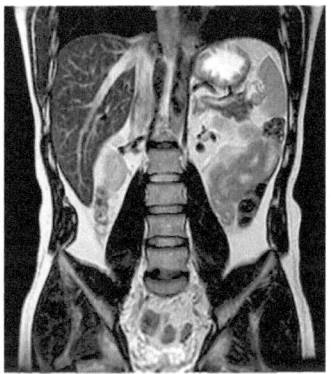

In particolare, il processo si svolge sottoponendo ad un apposito campo magnetico la materia.

In tali condizioni i protoni o in generale i nuclei degli atomi costituenti la materia, acquisiscono una precessione del proprio spin, come una trottola in rotazione.

Dalla misura del valore di precessione di spin è possibile ricostruire la morfologia del corpo biologico.

La RMN è definita nucleare, solo perché interviene sulla misura di proprietà dei nuclei, ed è assolutamente innocua diversamente da altre tecniche di tipo radiologico, anche se l'aggettivo nucleare potrebbe incutere una certa paura. L'unica accortezza da utilizzare durante l'esecuzione della RMN è di non introdurre oggetti metallici, anche interni come pacemaker, protesi metalliche (denti, occhi, ossa ecc.) o comunque interagenti con i campi magnetici.

"**L'uomo non unisca ciò che Dio ha separato.**"
WOLFGANG ERNST PAULI
https://www.frasicelebri.it/frasi-di/wolfgang-ernst-pauli/

2.8 PRINCIPIO DI ESCLUSIONE DI PAULI

Lo Spin riveste un ruolo importantissimo in particolar perché il suo stato è responsabile della stabilità della materia, attraverso l'applicazione del principio di esclusione di Pauli, formulato dal fisico austriaco Wolfgang Ernst Pauli, per il quale fra l'altro vinse il premio Nobel nel 1945.

Pauli nasce a Vienna il 25 aprile del 1900. Venne definito "uno spiritello che appare dove si coltivano studi di fisica teorica". Giovanissimo pubblicò un articolo di rassegna sulla teoria della relatività e tale lavoro è tuttora considerato un capolavoro di didattica scientifica.  Completò la sua formazione scientifica dapprima nella stimolante atmosfera di Gottingen e poi nel famoso Istituto di Copenaghen, dove trovò in Bohr un maestro ed un amico. La sua scoperta, il principio di esclusione, formulata all'inizio del 1925, diventò la guida più importante per interpretare la spettroscopia atomica e nucleare, connessa con la struttura della materia. Chiamato all'Università di Zurigo, vi rimase, tranne il periodo della seconda guerra mondiale che trascorse a Princeton (USA) presso l'Institute for Advanced Study, fino alla morte. Durante la sua permanenza a Zurigo, attraverso l'ipotesi sull'esistenza di una particella neutra, più tardi chiamata neutrino, fornì la chiave per interpretare, nel campo della radioattività, in modo completo e coerente il decadimento beta. Muore a Zurigo il 15 dicembre 1958.

Il principio di esclusione di Pauli, trova applicazione solo per le particelle classificate come fermioni (elettrone, neutrini, quark, protone,etc), che hanno spin semintero e rientrano tra le particelle che compongono la materia ordinaria. Esso non è valido per i bosoni (fotone, gluone, etc.), i quali hanno spin intero. Secondo tale principio, gli elettroni, che come visto in precedenza possono assumure solo spin secondario con valori pari a +½ o -½, non possono coesistere all'interno di un orbitale a stesso livello energetico con tutti i numeri quantici uguali (n, l, m, m_s), quindi possono occupare lo stesso orbitale, stesso livello energetico, stessa forma ed orientamento, solo se presentano uno spin opposto.

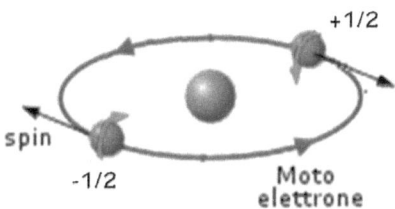

Considerato che gli atomi sono composti in gran parte da vuoto, il dubbio sulla compenetrazione degli orbitali della materia viene risolto per mezzo di quest'ultimo principio.

Gli atomi e molecole componenti la materia, non si possono intrecciare arbitrariamente uno con l'altro, perché se in un orbitale sono già presenti due elettroni a spin opposto, non è possibile l'inserimento di nessun altro elettrone, essendo possibili solo valori di numero quantico di spin secondario m_s pari a +½ e -½.

COMMONS.WIKIMEDIA.ORG

"**Ho fatto una cosa terribile, ho ipotizzato l'esistenza di una particella che non può essere rilevata.**"
Riferendosi ai quanti.

WOLFGANG ERNST PAULI
https://www.frasicelebri.it/frasi-di/wolfgang-ernst-pauli/

2.9 PRINCIPIO DI INDETERMINAZIONE DI HEISENBERG

Con la formulazione dell'atomo quantistico, l'orbitale non è più un elemento solido ma è costituito e rappresentato da una nuvola di probabilità di elettroni.

L'elettrone occupa lo spazio vuoto e vive attraverso una continua danza elettronica negli orbitali quantistici.

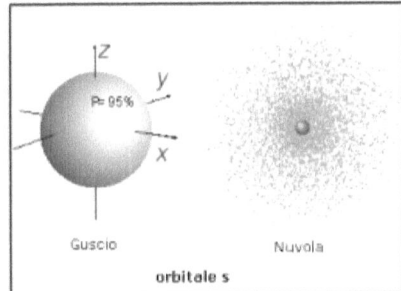
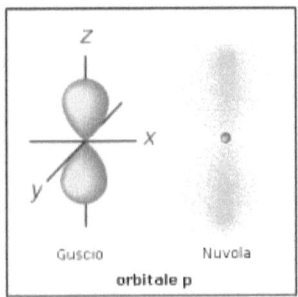

Con riferimento all'elettrone, non è più possibile parlare di traiettoria, come nella fisica classica, ma di probabilità che occupi un determinato spazio.

Rappresentando la densità di probabilità di trovare un elettrone con un determinato livello energetico in una determinata posizione spaziale, si ottiene una nuvola che quanto più e fitta tanto più indica un valore altro di probabilità che l'elettroni si trovi in tale posizione spaziale, come meglio rappresentano le figure sopra riportate.

Nella fisica classica la conoscenza della posizione e delle forze applicate ad un corpo in un particolare momento, permette di descrivere il moto dello stesso nei momenti successivi e quindi conoscere la successiva posizione e le modalità di variazione delle grandezze caratterizzanti il moto.

Diversamente, con la fisica quantistica troviamo l'impossibilità di poter conoscere di una particella, contemporaneamente il valore di due variabili coniugate, quale ad esempio per l'elettrone, posizione e velocità, se non nei limiti del principio di indeterminazione, formulato dal fisico tedesco Werner Karl Heisenberg.

Heisenberg nasce a Wurzburg, in Germania, il 5 dicembre 1901. Durante il corso dei suoi studi presso l'Università di Monaco, del quale in seguito divenne direttore, fu allievo di Arnold Sommerfeld ed ebbe come compagno di banco Wolfgang Pauli. Dopo la laurea ebbe la  possibilità di perfezionare i suoi studi nei due centri di ricerca più famosi, per la meccanica quantistica: Gottingen e Copenaghen. A soli 25 anni pubblicò il suo famoso lavoro sul principio di indeterminazione. Per i suoi studi sulla meccanica quantistica, nel 1932 gli fu assegnato il premio Nobel. Durante l'ultimo conflitto mondiale fu uno dei capi delle ricerche nucleari del III Reich, per fortuna con mediocri risultati. Muore a Monaco di Baviera il 1 febbraio 1976.

Il principio di indeterminazione di Heisenberg ammette che la misura simultanea di due variabili coniugate, come posizione e quantità di moto, non può essere compiuta senza una quota di incertezza minima ineliminabile, diversamente dalla fisica classica dove la conoscenza della posizione (coordinate) e della quantità di moto di un corpo definisce l'evoluzione futura dello stato fisico considerato.

La condizione di indeterminazione non è però data dalla mancata conoscenza di eventuali variabili nascoste, ma è una caratteristica propria della materia a livello microscopico, come se non volesse essere osservata.

A livello atomico, la conoscenza delle variabili posizione e quantità di moto di un elettrone sono correlati da un valore di indeterminazione legato alla costante di Planck.

Heisenberg formalizzò le proprie considerazioni, attraverso un esperimento mentale inerente la problematica di individuare l'esatta posizione e quantità di moto di un elettrone, utilizzando un microscopio, che anziché utilizzare luce visibile, utilizza una radiazione di lunghezza d'onda opportuna, compatibile con le dimensioni dell'osservazione da compiere.

Per poter interagire e quindi misurare un elettrone è necessario utilizzare radiazioni con valori piccoli di lunghezza d'onda, avente massa equivalente paragonabili.

Ma un fotone avente un piccolo valore della lunghezza d'onda e quindi una elevata frequenza, per l'effetto Compton, interferisce con la particella da osservare, modificandone la quantità di moto.

Di conseguenza, si riuscirà ad individuare l'esatta posizione dell'elettrone, ma i valori di quantità di moto risulteranno modificati nel processo di collisione.

In pratica secondo detto principio, l'indeterminazione di due variabili coniugate, quali ad esempio posizione e quantità di moto, non è dovuta alla mancanza di informazioni o imprecisione strumentale, ma è una caratteristica propria del microcosmo che cerca di opporsi in maniera congenita e naturale alle osservazioni del proprio comportamento.

In termini analitici, Heisenberg ricavò una disuguaglianza, che in chiave moderna viene così riportata:

$$(2.9.1) \quad \Delta x \, \Delta p_x \geq \hbar$$

Δx= incertezza statistica della posizione dell'elettrone

Δp= incertezza statistica della misura della quantità di moto (p = velocità x massa)

$\hbar$ = costante di Dirac o costante di Planck ridotta = $h / 2\pi$

La relazione d'indeterminazione tra posizione e quantità di moto, venne ricavata mediante un esperimento mentale, eseguito dallo stesso Heisenberg e riportato in una pubblicazione del 23 marzo 1927, espressa in una prima formulazione poco differente dalla (2.9.1).

Riportiamo una spiegazione semplificata dell'esperimento.

Consideriamo un fotone proveniente lungo l'asse orizzontale delle x, quando urta un elettrone fermo, per l'effetto Compton, l'elettrone inizierà a muoversi ed il fotone cambiando direzione, devierà verso un microscopio, variando la propria frequenza o lunghezza d'onda iniziale λ, in modo che la lunghezza d'onda finale λ' sarà maggiore di quella iniziale.

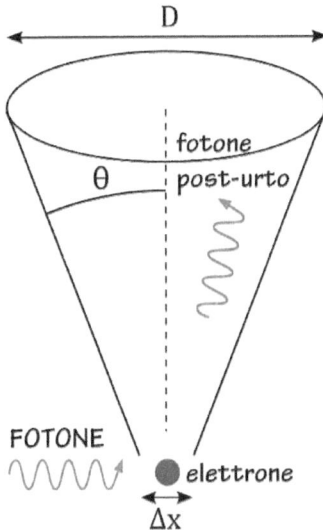

Ipotizzando che il microscopio ottico ha un'accettanza angolare pari a θ, possiamo ottenere il valore della risoluzione ottica Δx con cui il microscopio osserva l'elettrone. La quantità Δx rappresentando la risoluzione del microscopio descrive anche l'incertezza della posizione dell'elettrone lungo l'asse delle x, che secondo il criterio di Abbe assume un valore limite proporzionale alla seguente quantità

$$(2.9.2) \quad \Delta x \approx \frac{\lambda'}{2 \sin\theta}$$

Assumendo come riferimento l'asse dello strumento, la quantità di moto del fotone deviato λ' è pari a p', e la sua componente lungo l'asse delle x varia tra $-p_x'$ e $+p_x'$ in funzione del grado di allargamento del fascio ottico θ, tale da assumere un valore massimo di indeterminazione pari a

$$\Delta p_x \approx 2\, p' \sin\theta$$

Ricordando che la quantità di moto di un fotone è esprimibile in termini di lunghezza d'onda, sostituendo la (2.2.4) si ottiene

$$(2.9.3) \quad \Delta p_x \approx \frac{h}{\lambda'} 2 \sin\theta$$

Moltiplicando la (2.9.2) con la (2.9.3) si ottiene il valore dell'indeterminazione della posizione e quantità di moto

$$\Delta x \cdot \Delta p_x \approx \frac{h}{\lambda'} 2 \sin\theta \cdot \frac{\lambda'}{2 \sin\theta} \approx h$$

Il risultato ottenuto, ci fornisce una prima stima semi-quantitativa circa l'indeterminazione di due variabili coniugate in maniera proporzionale ad un valore discreto.

La relazione di indeterminazione, successivamente nel 1929, sempre ad opera di Heisenberg, assume la seguente forma

$$\Delta x \, \Delta p_x \geq \hbar$$

Dove $\Delta x \, \Delta p_x$ rappresentano rispettivamente l'indeterminazione media della posizione e della quantità di moto.

In altre trattazioni, attraverso l'applicazione del formalismo matematico della meccanica quantistica è possibile trovare anche la seguente relazione

$$\Delta x \, \Delta p_x \geq \frac{\hbar}{2}$$

Dove con Δ viene indicata l'incertezza oppure in altri casi lo scarto quadratico medio o in altri ancora la deviazione standard, relative alle misure delle variabili coniugate.

La relazione di indeterminazione generalizza il concetto che tutti i fenomeni a livello atomico sono ugualmente descrivibili attraverso la teoria della meccanica classica, accompagnati però da un'indeterminazione intrinseca, allorquando si indagano due grandezze canonicamente coniugate.

Come diretta conseguenza del principio di indeterminazione, in meccanica quantistica non è più quindi possibile parlare di traiettoria di un elettrone, essendo la posizione di quest'ultimo esprimibile solo in termini probabilistici. La teoria di Heisenberg, sviluppata nell'anno 1925, costituisce la prima formalizzazione della meccanica quantistica, attraverso una teoria matematica basata sull'utilizzo della meccanica delle matrici.

Le matrici sono elementi algebrici, che presentano la particolarità di non rispettare la proprietà commutativa, in particolare una matrice A moltiplicata per una matrice B è cosa diversa dal risultato di una matrice B moltiplicata per la matrice A.

Il calcolo matriciale risultava a quei tempi parecchio difficoltoso e poco conosciuto, mentre risultava più semplice operare con il calcolo differenziale, riferito ad elementi di tipo continuo.

Tant'è che quasi contestualmente ed in maniera indipendente veniva sviluppata la formulazione della fisica quantistica attraverso il calcolo differenziale dal fisico e matematico austriaco Erwin Schrödinger, che meglio approfondiremo nel paragrafo che segue.

COMMONS.WIKIMEDIA.ORG

"**Giace qui da qualche parte.**"
Epitaffio sulla sua tomba. Un chiaro riferimento al suo famoso "Principio di indeterminazione", secondo il quale non è possibile conoscere simultaneamente ed esattamente due variabili coniugate, quali posizione e quantità di moto

WERNER KARL HEISENBERG
https://www.frasicelebri.it/frasi-di/werner-karl-heisenberg/

2.10 FUNZIONE D'ONDA - EQUAZIONE DI SCHRÖDINGER

Il fisico e matematico austriaco Erwin Schrödinger, contestualmente ad Heisenber ed in maniera indipendente, affronta il formalismo della fisica quantistica da un punto di vista ondulatorio, introducendo una funzione d'onda $\psi(x_i,t)$.

Inizialmente, la funzione d'onda $\psi(x_i,t)$ rappresentava l'evoluzione temporale di uno o più stati quantistici di un sistema (elettrone, atomo, etc.), nel limite non relativistico, cioè senza tener conto delle deformazioni delle variabili in funzione delle velocità delle particelle del sistema, come previsto dalla teoria della relatività ristretta.

Se si considera la funzione d'onda nelle sole variabili posizione, il suo modulo al quadrato è legato alla probabilità di trovare una particella in una determinata regione spaziale, in analogia alla teoria ondulatoria della luce, per la quale il quadrato dell'ampiezza dell'onda luminosa in una regione rappresenta la sua intensità.

Con riferimento alla composizione atomica, la funzione d'onda diventa rappresentativa dell'indeterminata posizione dell'elettrone e delle ulteriori variabili di stato.

Schrödinger nasce a Vienna il 12 agosto 1887. Favorito dalla sensibilità culturale paterna, si dedicò fin dai primi anni della fanciullezza allo studio delle discipline umanistiche e scientifiche e all'apprendimento delle principali lingue straniere. Dopo essersi laureato all'Università di

Vienna, intraprese una brillante carriera accademica che da Vienna lo portò a Stoccarda, a Zurigo e a Berlino. Dopo l'avvento di Hitler, nonostante la sua estrazione cattolica, per l'avversione al nazismo lasciò Berlino per continuare l'opera di docente a Oxford e poi a Dublino. Nel 1956 ritornò nella sua città natale, per insegnare fino agli ultimi giorni della sua vita. Bohr lo definì un "uomo universale", in quanto uno scienziato dai molteplici interessi culturali: dalla filosofia alla fisica, dalla storia alla politica, dalla biologia alla cultura greca. Un uomo caratterizzato da un diffuso disprezzo per la moralità convenzionale. Univa ad un profondo pessimismo, una voluttuosa indulgenza verso i piaceri che la vita poteva offrire. Einstein lo definì uno "scienziato libertino troppo intelligente", sintetizzando le sue virtù e le sue debolezze. Per la sua equazione, condivise il premio Nobel nel 1933 con il Dirac, che generalizzò la corrispondente equazione tenendo conto delle previsioni relativistiche. Schrödinger deve essere infine ricordato per la soluzione di alcuni problemi di carattere biologico. Le sue lezioni, oggi definibili di biologia molecolare, furono raccolte in un volume dal titolo "What is life", pubblicato nel 1944 quando insegnava alla School for Advanced Studies di Dublino. Morì a Vienna il 4 gennaio del 1961.

L'equazione di Schrödinger, formulata nel 1925 e pubblicata nel 1926, in maniera più generale, è un'equazione differenziale, dove la funzione d'onda $\psi(x_i,t)$, che rappresenta lo stato del sistema fisico considerato, ne è la soluzione.

Detta equazione, è stata formulata partendo dagli studi sul dualismo onda-particella eseguiti dal fisico-matematico-storico francese Louis-Victor Pierre Raymond de Broglie.

 De Broglie nasce a Dieppe il 15 agosto 1892. Di nobile casato francese, si dedicò dapprima agli studi letterari, ottenendo una laurea in storia e diritto nel 1910 a soli 18 anni; successivamente influenzato dal fratello maggiore Maurice, valente fisico sperimentale, fu attratto dalle scienze fisiche. Si interessò soprattutto delle teorie, connesse con la fisica dei quanti, mediante le quali Einstein era riuscito a interpretare l'effetto fotoelettrico. Sviluppò in forma organica l'originale idea di estendere alle particelle il dualismo onda-corpuscolo nella tesi del dottorato nel 1924. Questo lavoro può essere considerato il punto di partenza della meccanica ondulatoria. Nominato professore di fisica teorica, insegnò dal 1928 al 1962 nell'Università di Parigi. Nel 1929, a 37 anni, il principe studente divenne il primo fisico ad aver ricevuto il premio Nobel per la sua tesi di dottorato, per la scoperta della natura ondulatoria dell'elettrone. Lavoratore e studioso instancabile, nel festeggiare il suo ottantesimo anno di età ebbe a dire: *"di ritenere gli ultimi dieci anni trascorsi come i più validi scientificamente della sua vita.......... di aver capito, a cominciare dall'età di settant'anni, molte più cose di prima, e la gioia che si prova è superiore a quella della perduta giovinezza"*. De Broglie muore in Francia a Louveciennes il 19 marzo 1987.

L'ipotesi di de Broglie, formulata nel 1926, afferma che ad ogni particella sono associate proprietà tipiche delle onde.

De Broglie, formula la sua ipotesi partendo dall'analogia del comportamento della materia con la descrizione dei campi elettromagnetici, come soluzione delle equazioni di Maxwell. Per la luce monocromatica nel vuoto, che si propaga lungo una direzione individuata dal vettore d'onda $\vec{k}$, i campi elettromagnetici risultano descritti dalla seguente

$$\phi(\vec{r},t) = A \cdot e^{i(\vec{k}\vec{r}-\omega t)}$$

dove $\omega = 2\pi \nu$ è la frequenza angolare esprimibile in funzione della frequenza ν, A l'ampiezza del campo elettrico o magnetico, i il numero immaginario, t il tempo, $\vec{r}$ è il vettore distanza dall'origine

Utilizzando la legge di quantizzazione dell'energia di Planck e la dimostrazione di Einstein sull'effetto fotoelettrico, associò il comportamento di una particella a quella di un'onda avente lunghezza d'onda in funzione della massa, così come descritto dalla *(2.4.3)*.

La particella poteva quindi essere così descritta attraverso una funzione d'onda

$$\psi(\vec{r},t) = A \cdot e^{i(\vec{k}\vec{r}-\omega t)}$$

Sulla base di quanto ricavato da de Broglie, Schrödinger ricavò la propria equazione, come nel seguito descritto.

Consideriamo una particella libera di muoversi e la sua Energia cinetica nel campo non relativistico, ovvero a velocità non paragonabili a quelle della luce, che vale

$$(2.10.1)\ E_c = \frac{1}{2} m\, v^2$$

Introducendo la quantità di moto

$$p = m\, v$$

Isolando il valore di *v* e sostituendolo nella *(2.10.1)* in assenza di campi esterni di forze, è possibile scrivere l'energia totale come equivalente alla sola energia cinetica

$$(2.10.2)\ E_t = \frac{1}{2} \frac{p^2}{m}$$

La quantità di moto di un oggetto quantistico può anche essere espressa in funzione della lunghezza d'onda di de Broglie, come ricavato nel paragrafo precedente con la *(2.4.4)*

$$(2.10.3)\ p = \frac{h}{\lambda}$$

Introducendo il numero d'onda, definito come

$$k = \frac{2\pi}{\lambda}$$

La (2.10.3) si può scrivere

$$(2.10.4)\ p = k\, \hbar$$

Sostituendo la *(2.10.4)* nella *(2.10.2)*, otteniamo l'espressione dell'energia totale di una particella in assenza di campo di forze esterne

$$E_t = \frac{1}{2} \frac{k^2 \hbar^2}{m}$$

Ponendo

$$(2.10.5)\ \omega = \frac{1}{2} \frac{k^2 \hbar}{m}$$

Si ottiene

$$(2.10.6)\ E_t = \hbar\, \omega$$

Giunti a questo punto, introducendo la funzione d'onda $\psi(x,t)$, nella forma dell'onda di de Broglie, per semplicità nell'ipotesi monodimensionale (solo asse x) e di assenza di campo esterno e quindi di potenziale esterno (cioè V(x,t)=0), si ottiene

$$(2.10.7) \quad \psi(x,t) = e^{i(kx-\omega t)}$$

Con *i* pari all'unità immaginaria (i^2=-1)

Derivando parzialmente rispetto al tempo la *(2.10.7)* e considerando che la variabile ω di cui alla *(2.10.5)* è indipendente dal tempo, si ha

$$(2.10.8) \quad \frac{\partial \psi(x,t)}{\partial t} = -i\omega \, e^{i(kx-\omega t)}$$

Invece derivando sempre la *(2.10.7)* però rispetto a x, due volte, si ottiene:

$$(2.10.9) \quad \frac{\partial^2 \psi(x,t)}{\partial x^2} = i^2 k^2 \, e^{i(kx-\omega t)}$$

Isolando da questa solo la parte relativa alla funzione esponenziale

$$e^{i(kx-\omega t)} = \frac{1}{i^2 k^2} \frac{\partial^2 \psi(x,t)}{\partial x^2}$$

e sostituendo tale funzione ottenuta nella *(2.10.8)*

$$\frac{\partial \psi(x,t)}{\partial t} = -i\omega \, \frac{1}{i^2 k^2} \frac{\partial^2 \psi(x,t)}{\partial x^2}$$

Ed ancora, sostituendo per ω il valore di cui alla *(2.10.5)* e ponendo a sinistra la derivata parziale dello spazio ed a destra la derivata parziale del tempo, si ottiene l'equazione di Schrödinger, non relativistica, alle derivate parziali, relativa al moto di una particella quantistica, lungo il solo asse delle x, in assenza di potenziale esterno, quindi relativa ad una particella libera

$$-\frac{\hbar^2}{2m}\frac{\partial^2 \psi(x,t)}{\partial x^2} = i\hbar \frac{\partial \psi(x,t)}{\partial t}$$

Nell'ipotesi in cui il moto della particella può essere immersa in ogni tipo di potenziale esterno, però sempre considerando il solo moto monodimensionale, Schrödinger formulò la seguente equazione

$$-\frac{\hbar^2}{2m}\frac{\partial^2 \psi(x,t)}{\partial x^2} + V(x,t)\psi(x,t) = i\hbar \frac{\partial \psi(x,t)}{\partial t}$$

Dove $\psi(x,t)$ rappresenta la funzione d'onda generale e non più la funzione d'onda di de Broglie.

Nel caso più generale di moto nelle tre dimensioni, introducendo l'operatore di Laplace

$$\nabla^2 = \frac{\partial^2}{\partial x^2} + \frac{\partial^2}{\partial y^2} + \frac{\partial^2}{\partial z^2}$$

e posto

$$(x,y,z,t) = (r,t)$$

si ricava l'equazione nello spazio tridimensionale di Schrödinger dipendente dal tempo, nel campo non relativistico

$$-\frac{\hbar^2}{2m}\nabla^2 \psi(r,t) + V(r,t)\psi(r,t) = i\hbar \frac{\partial \psi(r,t)}{\partial t}$$

Generalizzando, se ipotizziamo che *r* rappresenta tutte le possibili variabili di stato del sistema, r = (x_1, x_2, x_3, x_4, x_5.....), la funzione d'onda $\psi(r,t)$, è soluzione dell'equazione alle derivate parziali nello spazio astratto e descrive l'evoluzione di tutti i possibili stati di un oggetto quantistico.

La derivata parziale rispetto al tempo $\frac{\partial}{\partial t}$, che rappresenta l'evoluzione temporale della funzione d'onda, in meccanica quantistica, viene anche indicata con $\hat{H}$, denominato operatore di Hamilton.

Considerato che il membro a sinistra dell'equazione precedente assume le sembianze di una Energia, utilizzando l'operatore di Hamilton è possibile scrivere l'equazione di Schrödinger, nello spazio ad n-dimensioni, dipendente dal tempo, nella più semplice ed elegante forma seguente:

$$E\,\psi = \hat{H}\psi$$

Da un punto di vista matematico, sempre riferendoci all'elettrone in orbitale, la funzione d'onda ψ(r,t) è una funzione complessa delle coordinate spaziali e del tempo ed assume l'aspetto di una "ampiezza di probabilità", mentre il quadrato del suo valore assoluto |ψ(r,t)|², quello di una "densità di probabilità", a condizione che la stessa sia normalizzata all'unità.

La densità di probabilità rappresenta la probabilità di trovare una particella in una determinata regione spaziale, in un determinato stato quantico.

E' anche possibile scrivere il modulo della funzione d'onda in altro modo

$$(2.10.10) \quad |\psi|^2 = \psi\,\psi^*$$

In questo caso la funzione ψ^* rappresenta il complesso coniugato della funzione d'onda.

L'uguaglianza è possibile in quanto moltiplicando un numero complesso per il suo complesso coniugato si ottiene sempre un numero reale.

Si ricorda che, il complesso coniugato di un numero complesso si ottiene sostituendo il valore *i* del numero complesso, con il valore –*i*.

Considerando un numero complesso generico

$$z = a + ib$$

dato

$$i^2 = -1 \xrightarrow{equivale} i = \sqrt{-1}$$

Il suo modulo al quadrato è sempre un numero reale e vale

(2.10.11) $|z|^2 = a^2 + b^2$

Il complesso coniugato di z si indica con un asterisco posto in apice e vale

$$z^* = a - ib$$

Moltiplicando un numero complesso per il suo complesso e coniugato si ottiene

$$z \cdot z^* = (a + ib)(a - ib) = a^2 - i^2 b^2$$

Dato $i^2 = -1$, si ottiene

(2.10.12) $z z^* = a^2 + b^2$

Dal confronto della (2.10.11) con la (2.10.12) si ottiene:

$$z z^* = |z|^2$$

Che dimostra l'uguaglianza 2.10.10.

L'implementazione della funzione d'onda nel modello atomico quantistico, evidenzia il carattere di "casualità" (probabilità) della fisica quantistica, esaltando la sostanziale differenza dalla fisica classica basata sulla "causalità" (causa-effetto).

Risolvendo l'equazione di Schrödinger stazionaria, ovvero supponendo che la stessa ψ(r,t) sia indipendente dal tempo, quest'ultima si riduce in ψ(r).

Rappresentando graficamente, nelle tre dimensioni, il modulo al quadrato di tale equazione stazionaria $|\psi|^2$, avente come condizioni note la posizione dell'elettrone e la sua corrispondente probabilità, ad esempio del 95%, di trovarsi in tale determinata posizione, al variare dei livelli energetici (n=1,2,3, ...etc.), si ottengono le figure tridimensionali rappresentanti proprio gli orbitali atomici, di cui al paragrafo 2.6.

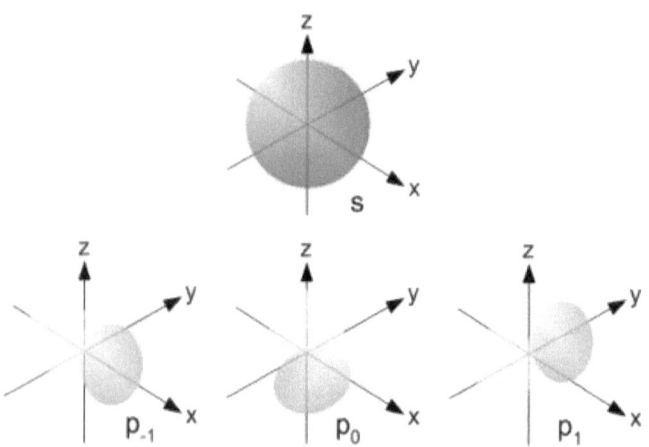

E' evidente come risulta semplice risolvere l'equazione di Schrödinger per atomi idrogenoidi, aventi un solo elettrone orbitante, mentre per atomi poli-elettronici la questione si complica, in quanto subentrano le forze di repulsione elettromagnetiche tra elettroni.

In tale ultimo caso l'equazione si risolve per successive approssimazioni, permettendo di poter rappresentare graficamente anche gli orbitali atomici degli atomi plurielettronici.

COMMONS.WIKIMEDIA.ORG

"La ricerca in fisica ha mostrato, al di là di ogni dubbio, che l'elemento comune soggiacente alla coerenza che si osserva nella stragrande maggioranza dei fenomeni, la cui regolarità e invariabilità hanno consentito la formulazione del postulato di causalità, è il caso."

ERWIN SCHRODINGER
https://www.frasicelebri.it/frasi-di/erwin-schrodinger/

2.11 PRINCIPIO DI SOVRAPPOSIZIONE

Una entità quantistica esiste in ogni luogo in sovrapposizione di stati fino a che non si esegue l'osservazione e lo stato diventa certo.

Da un punto di vista matematico la conoscenza dello stato fisico di un sistema è diretta conseguenza del collasso della funzione d'onda $\psi(x,t)$, che provoca la riduzione degli stati sovrapposti in un univoco stato osservabile.

Un elettrone può esistere sia qui che lì, in un qualunque stato possibile, ed è solo quando effettuiamo l'osservazione che la sua posizione diventa certa e lo stato determinato.

Consideriamo, ad esempio, un elettrone che, come visto in precedenza, può avere valore di spin UP o DOWN (+½ e -½). Tale stato di spin non è noto fintanto che effettuiamo una misura.

A seguito dell'azione di misura, si verifica il collasso della funzione d'onda che rappresenta lo stato del sistema, quindi si perdono le caratteristiche quantistiche di tipo casuale, per dar luogo ad uno stato certo UP o DOWN.

In definitiva il principio di sovrapposizione ci dice che gli stati quantistici non sono univoci, ma godono della condizione di casualità che porta ad avere anche valori di stati sovrapposti, oltre ai valori ordinari.

Il principio di sovrapposizione è una caratteristica propria del mondo microscopico ed a tale proposito Erwin Schrödinger ideò nel 1935 un esperimento mentale denominato paradosso del gatto di Schrödinger, con lo scopo di illustrare come l'interpretazione della meccanica quantistica (interpretazione di

Copenaghen) fornisca risultati paradossali se applicata ad un sistema fisico macroscopico.

A tale paradosso, considerata l'importanza, dedichiamo interamente il paragrafo successivo.

Il concetto di sovrapposizione quantistica diventa più chiaro, seguendo un formalismo di sorprendente efficacia, introdotto dal fisico, matematico e ingegnere britannico Paul Dirac, che nel 1927 sviluppò una formalizzazione della meccanica quantistica basata sull'algebra non commutativa, similmente all'utilizzo del calcolo matriciale da parte di Heisenberg, che ugualmente si basa su proprietà di calcolo di tipo non commutativo.

Dirac nasce a Bristol il 8 agosto 1902. Coetaneo di Heisenberg, Pauli e Fermi, è considerato uno dei più brillanti fisici teorici del secolo. Dopo essersi laureato a Bristol nel 1921, si trasferì a Cambridge con una borsa di studio; qui, tranne alcuni periodi trascorsi negli Stati Uniti, è sempre rimasto ricoprendo, dal 1932 fino alla fine della carriera, la cattedra già tenuta da Newton. Dotato di una forma mentis altamente analitica e di carattere schivo, Dirac era noto per l'estrema riluttanza a parlare, tanto che i suoi colleghi a Cambridge avevano istituito ironicamente il "dirac", come unità di misura della loquacità: "un dirac" valeva l'emissione di una parola all'ora. Nel 1933 condivise il premio Nobel con il Schrödinger, per la generalizzazione della corrispondente equazione, tenendo conto delle previsioni relativistiche. Morì a Tallahassee, in Florida, il 20 ottobre 1984.

La formalizzazione di Dirac, basata sull'algebra non commutativa, prevede l'utilizzo di vettori ed operatori, quali elementi di uno spazio di Hilbert, in grado di rappresentare uno stato quantistico.

Detti vettori non sono i classici vettori, definiti da verso, intensità e direzione, ed indicati con una freccia in un sistema di assi cartesiani, come siamo abituati a pensarli nella fisica classica.

Questi nuovi vettori, sono particolari, in quanto definiti in uno spazio vettoriale astratto, e costituiti da successione di numeri complessi o funzioni di numeri complessi, fino ad un numero infinito di componenti.

Possiamo pensarli più come vettori algebrici e non geometrici, tale da essere rappresentati attraverso opportuni matrici.

Dirac introduce due vettori fondamentali: il vettore *bra-* ed il vettore *-ket*, che insieme formano la parola bracket dal significato: *mettere tra parentesi, raggruppare.*

Il vettore *bra* viene indicato con la simbologia $\langle A|$ mentre il vettore ket con la simbologia speculare $|B\rangle$.

Un ket, rappresenta un vettore complesso che descrive completamente uno stato quantistico.

Il vettore ket è rappresentabile in uno spazio astratto di Hilbert, avente particolari proprietà di calcolo algebrico ed in particolare caratterizzato dall'essere uno spazio vettoriale complesso.

Un *ket* gode di diverse proprietà, tra le quali sono comprese anche alcune proprietà dei vettori ordinari: si possono sommare tra loro, moltiplicare per un numero complesso (immaginario) e quindi combinarsi tra loro.

In particolare la combinazione di due vettori *ket* può esprimersi nel modo seguente:

(2.11.1) $a|A\rangle + b|B\rangle = |R\rangle$

Con *a* e *b* due numeri complessi arbitrari.
Il vettore ket $|R\rangle$ essendo espresso come combinazione lineare di due vettori ket $|A\rangle$ e $|B\rangle$ si definisce *dipendente*.
Viceversa se un vettore ket non è esprimibile come combinazione lineare di altri ket, si definisce *indipendente*.
Quando un vettore ket è dipendente esso rappresenta un ulteriore stato del sistema.
Nel caso della *(2.11.1)* il vettore ket $|R\rangle$ rappresenta un ulteriore stato del sistema, in aggiunta agli stati rappresentati dai vettori ket $|A\rangle$ e $|B\rangle$.

In definitiva un semplicissimo sistema fisico con soli due stati possibili, in termini quantistici può avere infiniti stati: i due stati possibili a seguito della misura e tutte le combinazioni possibili tra i predetti stati.

Esaminiamo il famoso caso dello stato di *spin* dell'elettrone ed applichiamo il formalismo e le considerazioni precedenti.
Prima di eseguire la misura l'elettrone si trova in uno stato combinato di Spin UP = ψ_1 e Spin DOWN = ψ_2.
Il suo stato è esprimibile, adottando il formalismo di Dirac, nel modo seguente:

(2.11.2) $|\psi\rangle = a|\psi_1\rangle + b|\psi_2\rangle$

I coefficienti a e b, sono ampiezze di probabilità che singolarmente solo se elevati al quadrato, rappresentano la probabilità associata al verificarsi del rispettivo stato.

Nel caso analizzato, con due solo due valori possibili (Spin UP e Spin DOWN) avremo

(2.11.3) $|a|^2 + |b|^2 = 1$

Che esprime il fatto che la somma delle probabilità di ottenere il valore effettivo di uno stato è sicuramente par al 100% =1.

Ed ancora, considerando che l'elettrone ha uguale probabilità di presentare uno dei suoi Spin possibili, si ottiene:

$$|a|^2 = \frac{1}{2} \; ; \; |a| = \frac{1}{\sqrt{2}} = \frac{\sqrt{2}}{2} = 0{,}707$$

$$|b|^2 = \frac{1}{2} \; ; \; |b| = \frac{1}{\sqrt{2}} = \frac{\sqrt{2}}{2} = 0{,}707$$

e la *(2.11.2)* diventa:

$$|\psi\rangle = 0{,}707(\, |\psi_1\rangle + |\psi_2\rangle \,)$$

Questa relazione ci dice che i valori di spin possibili di un elettrone fin tanto che non si effettua la misura sono tre:

SPIN up, SPIN down e 0.707(SPIN up + SPIN down)

La parte che segue presenta concetti matematici di un grado di difficoltà più elevato, pertanto chi non volesse cimentarsi può agevolmente passare alla lettura del paragrafo successivo.

Solo per completezza, ma senza entrare troppo nel merito, dopo aver descritto il *ket*, vediamo di descrivere il *bra*.

Assegnato un insieme di vettori è possibile costruire un secondo insieme di vettori, chiamato dai matematici *insieme duale*.

Si definisce vettore *bra* un vettore coniugato al vettore ket, avente gli elementi in uno spazio duale associato a quello dato dal *ket*, con la particolare caratteristica che i prodotti scalari con i corrispondenti *ket* di partenza assumono valori assegnati, ovvero sono dei numeri espressi come funzione lineare dei *ket* di partenza.

Secondo il formalismo di Dirac nel rappresentare il prodotto scalare o interno si accostano le simbologie del bra e del ket, eliminando una delle barre verticali e ponendo sempre a sinistra il bra ed a destra il ket, così da formare il braket

(2.11.4) $\langle A| \bullet |B\rangle = \langle A||B\rangle = \langle A|B\rangle$

Il prodotto scalare di un *bra* $\langle A|$ con il corrispondente *ket* $|B\rangle$, come prima evidenziato, è sempre uno scalare, tenendo presente che però non gode della proprietà commutativa, tanto che commutando la *(2.11.4)* in un nuovo prodotto scalare avente il *ket* $\langle B|$ (a sinistra) ed il *bra* $|A\rangle$ (a destra), anziché uno scalare darà luogo ad un nuovo vettore (ket o bra), essendo

$$\langle A|B\rangle \neq |B\rangle\langle A|$$

In termini matriciali il *bra* viene indicato come vettore riga ed il *ket* come vettore colonna.

Attraverso il calcolo matriciale, appare evidente come il prodotto tra un *bra* $\langle A|$ (1 riga x n colonne) e un *ket* $|B\rangle$ (n righe x 1 colonna), entrambi associati in uno spazio duale, sia uno scalare (matrice *1 x 1* dimensioni), in quanto per la *(2.10.12)* il prodotto di una componente immaginaria per il suo complesso coniugato è uno scalare.

Siano $(a_1^*, a_2^*, a_3^*, ...)$ le componenti del *bra* $\langle A|$ e $(a_1, a_2, a_3, ...)$ le componenti del *ket* $|B\rangle$, abbiamo

$$\langle A|B\rangle = \begin{pmatrix} a_1^* & a_2^* & a_3^* & ... \end{pmatrix} \begin{pmatrix} a_1 \\ a_2 \\ a_3 \\ ... \end{pmatrix} = a_1^* a_1 + a_2^* a_2 + a_3^* a_3 + \cdots = \lambda$$

In tale rappresentazione matriciale, è possibile verificare anche la mancata proprietà di commutazione.

Il prodotto commutato tra il *ket* $\langle B|$ (1 riga x n colonne) e il *bra* $|A\rangle$ (n righe x 1 colonna), è una nuova matrice a *n* x *n* dimensioni, ovvero una nuova entità vettoriale ad *n* x *n* dimensioni

$$|B\rangle\langle A| = \begin{pmatrix} a_1 \\ a_2 \\ a_3 \\ ... \end{pmatrix} (a_1^* \quad a_2^* \quad a_3^* \quad ......) = \begin{pmatrix} a_1a_1^* & a_1a_2^* & a_1a_3^* & .... \\ a_2a_1^* & a_2a_2^* & a_2a_3^* & ... \\ a_3a_1^* & a_3a_2^* & a_3a_3^* & ::: \\ ... & ... & ... & \end{pmatrix}$$

In definitiva, lo stato di un sistema quantistico è esprimibile attraverso degli opportuni vettori di stato soggetti ad una algebra non commutativa nello spazio astratto di Hilbert.

Queste entità vettoriali se possono essere misurate, direttamente attraverso opportuni strumento di misura o indirettamente attraverso calcolo analitico, vengono definite "osservabili".

La possibilità di calcolare indirettamente le osservabili attraverso il calcolo analitico è data da opportuni operatori lineari che applicati al vettore rappresentante la grandezza fisica di stato, dà luogo ad un valore reale, che corrisponde alla misura della grandezza fisica.

Tali operatori lineari, definiti anch'essi nell'ambito dell'algebra non commutativa in uno spazio di Hilbert, non sono altro che delle particolari macchine matematiche che operando sui vettori di stato producono dei valori reali delle grandezze ricercate.

Da un punto di vista matematico se *O* è un operatore lineare e $|\psi\rangle$ è un vettore ket di stato si ha

$$O|\psi\rangle = \lambda |\psi\rangle$$

Dove il valore λ è definito autovalore e rappresenta la misura della grandezza osservata, mentre la grandezza $|\psi\rangle$ prende il nome di autovettore.

Esaminiamo il caso dell'operatore di spin secondo il formalismo di Dirac.

Abbiamo visto come è possibile eseguire misure di spin esclusivamente lungo una sola direzione. Consideriamo l'asse delle z per misurare uno stato di spin di un elettrone che sappiamo poter assumere i due possibili valori up e down.

Lo stato di spin generico, espresso come vettori ket può scriversi come sovrapposizione di stati, nel modo seguente

$$|\psi\rangle = a|\psi_{up}\rangle + b|\psi_{down}\rangle$$

Ricordando che i coefficienti a e b elevati al quadrato rappresentano rispettivamente le probabilità di ottenere il corrispondente stato, condizionati da $|a|^2 + |b|^2 = 1$, allora abbiamo che per avere lo stato $|\psi_{up}\rangle$ è necessario che $|a|^2 = 1$ e $|b|^2 = 0$. Per lo stesso ragionamento per avere lo stato $|\psi_{down}\rangle$ è necessario che $|a|^2 = 0$ e $|b|^2 = 1$

I vettori ket corrispondenti ai due stati possibili up e down, rispettosi delle proprietà algebriche dello spazio di appartenenza, possono costruirsi ponendo i coefficienti della relazione di sovrapposizione, su righe diverse

$$|\psi_{up}\rangle = \begin{pmatrix} 1 \\ 0 \end{pmatrix} \quad |\psi_{down}\rangle = \begin{pmatrix} 0 \\ 1 \end{pmatrix}$$

Applicando a questi due stati l'operatore di spin definito come

$$\widehat{S_z} = \frac{\hbar}{2}\sigma_z$$

Dove σ_z è la matrice di Pauli, che per la componente z vale

$$\sigma_z = \begin{pmatrix} 1 & 0 \\ 0 & -1 \end{pmatrix}$$

Ed eseguendo i prodotti matriciali si ottiene rispettivamente

$$\widehat{S_z}|\psi_{up}\rangle = \frac{\hbar}{2}\sigma_z|\psi_{up}\rangle = \frac{\hbar}{2}\begin{pmatrix} 1 & 0 \\ 0 & -1 \end{pmatrix}\begin{pmatrix} 1 \\ 0 \end{pmatrix} = \frac{\hbar}{2}\begin{pmatrix} 1 \\ 0 \end{pmatrix}$$

$$\widehat{S_z}|\psi_{down}\rangle = \frac{\hbar}{2}\sigma_z|\psi_{down}\rangle = \frac{\hbar}{2}\begin{pmatrix} 1 & 0 \\ 0 & -1 \end{pmatrix}\begin{pmatrix} 0 \\ 1 \end{pmatrix} = -\frac{\hbar}{2}\begin{pmatrix} 0 \\ 1 \end{pmatrix}$$

Il valore numerico presente davanti alla matrice colonna risultante è definito autovalore e rappresenta la misura dello stato di spin lungo l'asse considerato, ovvero nel caso esaminato corrisponde proprio al numero quantico di spin secondario.

Il vettore di stato, in tali relazioni, prende il nome di autovettore, in quanto collegato al corrsipondente autovalore.

In questo caso, le misure dello stato di spin lungo la componente dell'asse z, risultano essere pari a $\frac{\hbar}{2}$ e $-\frac{\hbar}{2}$ rispettivamente nei casi di spin up e down, così come atteso.

Analogamente per le componenti x e y, i relativi operatori sono

$$\widehat{S_x} = \frac{\hbar}{2}\sigma_x$$

$$\widehat{S_y} = \frac{\hbar}{2}\sigma_y$$

considerando che le matrici di Pauli valgono

$$\sigma_x = \begin{pmatrix} 0 & 1 \\ 1 & 0 \end{pmatrix}$$

$$\sigma_y = \begin{pmatrix} 0 & -i \\ i & 0 \end{pmatrix}$$

Ora è anche possibile calcolare il modulo dello stato di spin complessivo, ovvero il modulo del momento angolare di spin, di cui alla (2.7.2), questa volta però come somma delle componenti dell'operatore

$$S = \sqrt{\widehat{S_x}^2 + \widehat{S_y}^2 + \widehat{S_z}^2} =$$

$$= \sqrt{\left(\frac{\hbar}{2}\right)^2 \begin{vmatrix} 0 & 1 \\ 1 & 0 \end{vmatrix}^2 + \left(\frac{\hbar}{2}\right)^2 \begin{vmatrix} 0 & -i \\ i & 0 \end{vmatrix}^2 + \left(\frac{\hbar}{2}\right)^2 \begin{vmatrix} 1 & 0 \\ 0 & -1 \end{vmatrix}^2} =$$

$$= \sqrt{\left(\frac{\hbar}{2}\right)^2 \cdot 1 + \left(\frac{\hbar}{2}\right)^2 \cdot 1 + \left(\frac{\hbar}{2}\right)^2 \cdot 1} = \frac{\sqrt{3}\hbar}{2}$$

COMMONS.WIKIMEDIA.ORG
"Raccogli un fiore sulla Terra e muoverai la stella più distante."
PAUL ADRIEN MAURICE DIRAC
https://www.frasicelebri.it/frasi-di/paul-adrien-maurice-dirac/

2.12 Il GATTO DI SCHRÖDINGER

Certo non era intenzione di Schrödinger uccidere un povero gatto, per un esperimento di fisica quantistica.

L'esperimento mentale viene ideato esclusivamente con le aspettative di meglio comprendere il concetto di sovrapposizione di stati, che impone una forte distinzione dell'interpretazione dei fenomeni quantistici rispetto ad una interpretazione dei fenomeni secondo la fisica classica.

Poniamo in una scatola chiusa un gatto, abbinato ad un diabolico sistema che casualmente aziona un martelletto, che così può rompere una fiala di cianuro.

Alla rottura della fiala, il gatto muore. In merito alla funesta fine non vi sono dubbi.

La rottura della fiala viene affidata ad un evento di tipo casuale quale è il decadimento di una sostanza radioattiva. Per le sostanze radioattive è possibile conoscere solo il tempo di decadimento medio, come dato statistico.

Non possiamo sapere se il gatto è vivo o morto fintanto che non apriamo la scatola e verifichiamo lo stato di salute del gatto.

Come rispondiamo alla domanda: Il gatto è vivo o morto?

Il gatto si trova nello stato sovrapposto di vivo, morto o vivo-morto.

Il gatto può trovarsi oltre che nello stato ordinario di vivo o morto, anche nello stato contestualmente vivo e morto, sempre fino a che non si apre la scatola per eseguire l'osservazione.

A seguito dell'apertura della scatola, il processo di osservazione comporta la rottura della "coerenza" del sistema precedentemente isolato, a seguito del contatto con gli oggetti macroscopici posti all'esterno, con la conseguenza del collasso della funzione d'onda e della trasformazione del sistema quantistico in un sistema classico, caratterizzato da misure di tipo certo, o meglio "osservabili".

Per tali motivi nella vita quotidiana anziché osservare comportamenti di tipo quantistico, la materia si pone nei nostri confronti in maniera decisamente deterministica, proprio per effetto della così detta "decoerenza quantistica" o "desincronizzazione delle funzioni d'onda".

Da un punto di vista probabilistico, il gatto ha il 50% di probabilità di trovarsi nello stato Morto ed il 50% di trovarsi nello stato Vivo. In termini quantistici, adottando la notazione di Dirac, indicando lo stato del gatto con opportuni vettori ket, possiamo dire che lo stato del gatto è il seguente:

$$|STATO\ GATTO\rangle = a|VIVO\rangle + b|MORTO\rangle$$

Per le considerazioni di cui alla relazione *(2.11.2)* e successive, avendo il gatto stessa probabilità di essere VIVO e MORTO abbiamo

(2.12.1) $\quad |STATO\ GATTO\rangle = \frac{\sqrt{2}}{2}(|VIVO\rangle + |MORTO\rangle)$

Che rappresenta il terzo stato possibile, a seguito del principio di sovrapposizione.

Volendo essere più precisi, gli stati dovrebbero essere combinati con la condizione del decadimento dell'atomo che innesca il meccanismo di uccisione del gatto, cioè analizzando lo stato dell'intero sistema ATOMO-GATTO.

L'atomo può trovarsi nello stato decaduto o non decaduto con uguale probabilità, scriviamo quindi:

$$|STATO\ ATOMO\rangle = \frac{\sqrt{2}}{2}(|DECADUTO\rangle + |NON\ DECADUTO\rangle)$$

Che combinata con la (2.4.1) e ponendo:

$$|STATO\ ATOMO\rangle = |A\rangle$$
$$|STATO\ GATTO\rangle = |G\rangle$$
$$|STATO\ SISTEMA\rangle = |A,G\rangle$$

otteniamo

$$|A,G\rangle = \frac{\sqrt{2}}{2}(|ADECADUTO, GMORTO\rangle + |ANONDEC, GVIVO\rangle)$$

In definitiva gli stati possibili fino a che non si esegue la misura, ovvero non si apre la scatola, il sistema gatto-atomo si trova in tre sovrapposizione di stati:

ATOMO DECADUTO E GATTO MORTO
ATOMO NON DECADUTO E GATTO VIVO
ATOMO DECADUTO E GATTO MORTO + ATOMO NON DECADUTO E GATTO VIVO

COMMONS.WIKIMEDIA.ORG
"Il compito non è tanto di vedere ciò che nessun altro ha ancora visto; ma pensare ciò che nessun altro ha ancora pensato, riguardo a quello che chiunque vede."
ERWIN SCHRODINGER
https://www.frasicelebri.it/frasi-di/erwin-schrodinger/

2.13 DUALITA' ONDA - PARTICELLA

La materia appare avere una duplice natura: a volte si comporta come un'onda elettromagnetica ed altre come una particella solida.

Questa caratteristica si esplica nel rispetto del principio di complementarità, di cui Bohn nè è stato grande sostenitore: "La duplice natura del mondo subatomico non può essere osservata contemporaneamente durante lo stesso esperimento".

Gli aspetti duali sono complementari, sia concettualmente che in senso fisico, in quanto si escludono a vicenda: l'osservazione di un comportamento ondulatorio in un singolo processo sperimentale preclude un comportamento di tipo corpuscolare.

Nella comprensione di tale proprietà interviene un esperimento, definito l'esperimento più bello del mondo.

L'esperimento in questione è denominato "della doppia fenditura" ed è condotto in analogia a quanto eseguito dallo scienziato britannico Thomas Young nel 1801, con la sostanziale  differenza che quest'ultimo utilizzò esclusivamente onde elettromagnetiche (luce).

L'esperimento di Young si basa sull'utilizzo di una singola sorgente che illumina uno schermo opaco con due fenditure parallele, poste a piccola distanza e di larghezza sufficientemente piccola in confronto alla lunghezza d'onda della luce incidente.

Diffrazione di Young da doppia fenditura

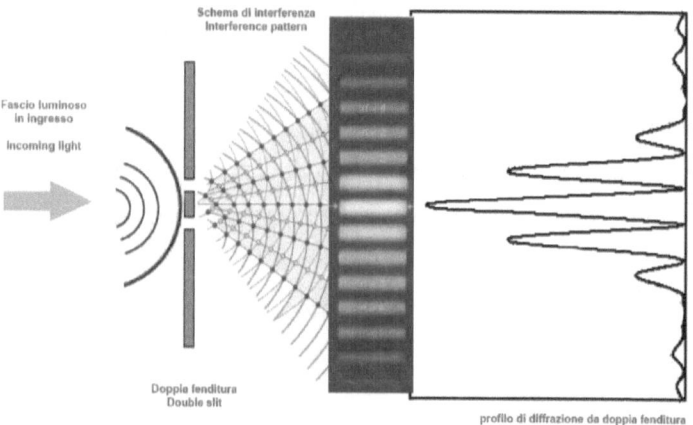

In tale situazione, per il principio di Huygens, le fenditure diventano due sorgenti lineari di luce coerente che generano su uno schermo posto a distanza una figura di interferenza formata da bande alternatamente scure e luminose (punti di minimo e di massima esposizione).

Ora invece tralasciamo la luce ed effettuiamo lo stesso esperimento utilizzando materia.

Sparando palline da tennis su di uno schermo con due fenditure, otteniamo che i punti di contatto sulla lastra di rilevazione posta dopo lo schermo fessurato, sono maggiormente concentrati proprio in corrispondenza delle fessure.

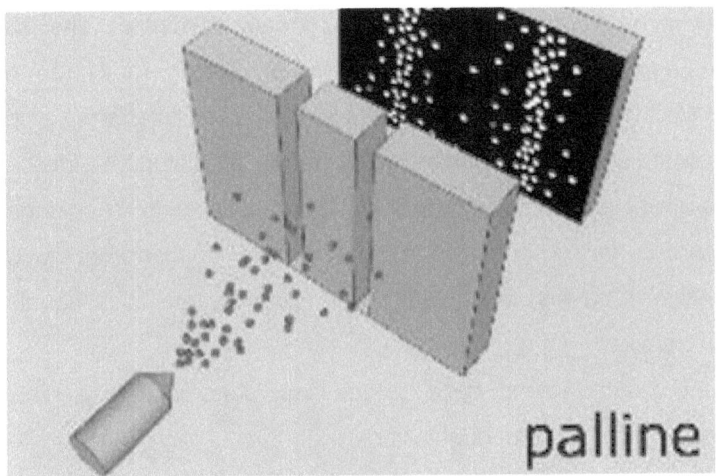

Ripetiamo l'esperimento sostituendo la sorgente – cannone (spara palline) con una perturbazione radiale sull'acqua, che sappiamo produrre onde.

Succede che sulla lastra di rilevazione si forma una figura di interferenza con dei picchi e dei minimi di onda, in analogia del comportamento della luce.

Da quanto sopra esaminato potremmo ammettere che se l'esperimento è condotto con le onde (d'acqua o elettromagnetiche) otteniamo delle figure di interferenza in accordo a quanto pronosticato dalla teoria ondulatoria, se invece l'analogo esperimento viene condotto utilizzando la materia (palle da tennis) non si forma alcuna figura di interferenza e le palline attraverseranno una delle due fessure con uguale probabilità.

Se il comportamento della materia fosse stato così ovvia, certo non avrei mai scritto questo libro.

Infatti, quando si passa a svolgere l'esperimento con particelle a livello atomico, quali gli elettroni ad esempio, succede qualcosa di diverso.

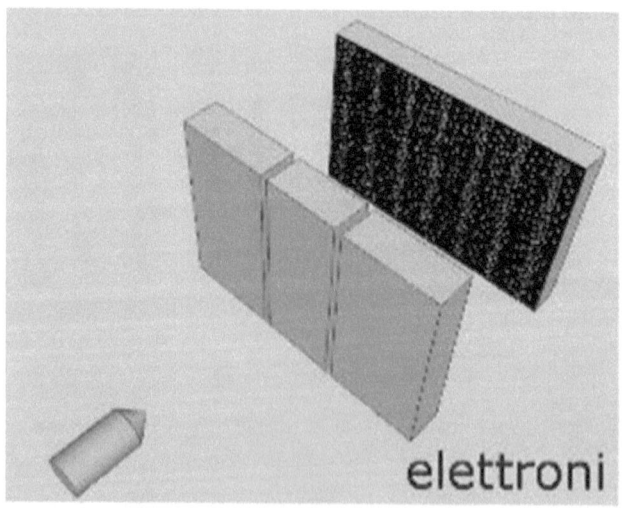

Come previsto teoricamente già da Einstein e De Broglie, e verificato sperimentalmente nel 1927 dai fisici Clinton Joseph Davisson e Lester Halbert Germer, quando trattiamo l'esperimento con particelle di piccole dimensioni si ottiene una figura di interferenza, facendo pensare ad un comportamento ondulatorio della materia.

La particolarità del suddetto esperimento è enfatizzata dal fatto che se gli elettroni vengono "sparati" singolarmente, continua a formarsi la figura di interferenza.

Questo perchè la motivazione dell'interferenza non risiede nella interazione del fascio di elettroni tra di loro, ma diventa una caratteristica propria della singola particella elettrone, in tali condizioni al contorno.

Ed ancora, se si tenta di osservare il passaggio degli elettroni, con dei rilevatori opportunamente collocati, l'effetto di interferenza svanisce, in quanto il processo di misura provoca il collasso della funzione d'onda che rappresenta la particella.

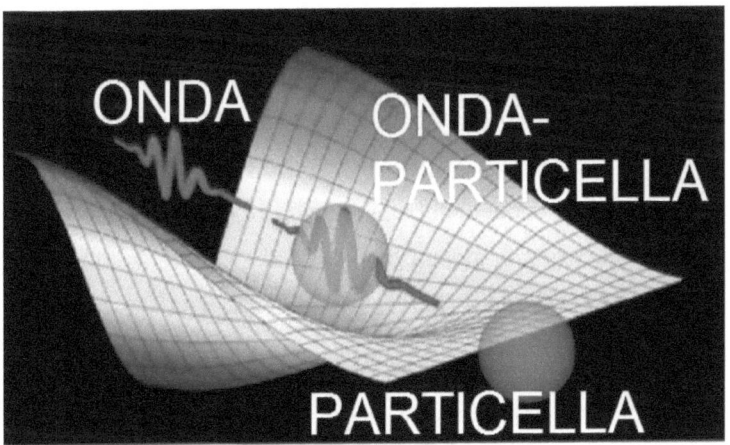

In definitiva la materia a volte si comporta come un'onda ed a volte come materia, il tutto sintetizzato come PRINCIPIO DI DUALITA' ONDA-PARTICELLA.

L'elettrone diventa un'onda equivalente, rappresentato da una propria funzione d'onda, che passa attraverso le fenditure, nelle modalità proprie delle onde, per poi materializzarsi nuovamente sullo schermo ricevitore a seguito del collasso della funzione d'onda.

L'esperimento, può essere interpretato quantisticamente anche in termini di principio di sovrapposizione, come se l'elettrone passa contemporaneamente sia dalla fessura di destra che di sinistra, in sovrapposizione di stato.

Ecco che, se si chiude una delle due fessura, accade che l'effetto di interferenza svanisce e gli elettroni si concentrano in corrispondenza della fessura, proprio perché non sussiste più una sovrapposizione di stati possibili.

Sempre in termini di sovrapposizione di stati, possiamo descrivere il fenomeno con la nota notazione di Dirac.

Nel caso di due fessure, l'elettrone può passare in quella di destra o di sinistra. Abbiamo quindi individuato due stati possibili

$$|STATO\ ELETTRONE\rangle = a|SX\rangle + b|DX\rangle$$

Per le considerazioni di cui alla relazione *(2.11.2)* e successive, avendo l'elettrone la stessa probabilità di passare dalla fessura di DESTRA (DX) che dalla fessura di SINISTRA (SX) abbiamo

$$|STATO\ ELETTRONE\rangle = \frac{\sqrt{2}}{2}(|SX\rangle + |DX\rangle)$$

E quindi, gli stati possibili degli elettroni sono SINISTRA, DESTRA E SINISTRA-DESTRA in sovrapposizione.

Nel caso di una sola fessura, lo stato possibile dell'elettrone si riduce a SINISTRA ed in termini di formalismo di Dirac

$$|STATO\ ELETTRONE\rangle = a|SX\rangle$$

Con $|a|^2 = 1$ che equivale ad una probabilità del 100%, corrispondente alla certezza che la particella passerà dall'unica fenditura presente.

COMMONS.WIKIMEDIA.ORG
"La matematica è lo strumento particolarmente adatto per trattare concetti astratti di ogni tipo e non c'è limite al suo potere in questo campo."

PAUL ADRIEN MAURICE DIRAC
https://www.frasicelebri.it/frasi-di/paul-adrien-maurice-dirac/

2.14 ENTANGLEMENT QUANTISTICO

La parola Entanglement, letteralmente tradotta vuol dire "intreccio, correlazione".

E' un fenomeno quantistico per cui in determinate condizioni uno stato quantistico di un sistema risulta correlato o intrecciato con quello di un altro sistema, anche se posti a grande distanza tra loro.

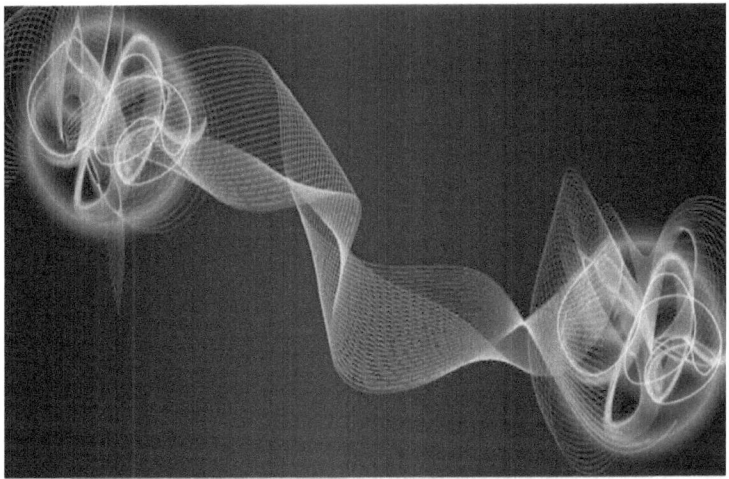

Una sorta correlazione a distanza, che però non viaggia alla velocità della luce ma è istantanea.

Questo fenomeno della cosiddetta "azione fantasma a distanza istantanea" è in completa contraddizione con la teoria della relatività ristretta di Einstein che prevede come velocità massima raggiungibile quella della luce.

Einstein sosteneva che se veramente la fisica quantistica fosse stata corretta, allora il mondo dovrebbe essere stato pazzo.

Einstein perseguiva l'idea dell'esistenza di variabili nascoste, non conosciute, attraverso le quali si sarebbe potuto spiegare in maniera "causale" il comportamento dei fenomeni quantistici, per così trattare anche la fisica quantistica con un carattere deterministico come nella fisica classica, in sostituzione di una concezione di tipo probabilistica in uso dalla scuola di Copenaghen.

In particolare contro l'esistenza dell'azione a distanza istantanea, Einstein insieme agli scienziati Boris Podolsky e Nathan Rosen, formularono il famoso paradosso EPR.

Con tale esperimento mentale si voleva sostenere la validità del principio di località, ovvero che oggetti opportunamente distanti non possono avere influenza istantanea l'uno sull'altro.

L'esperimento consiste nel considerare due particelle che dopo aver interagito tra di loro si allontanano in senso opposto con una elevata ma uguale ed opposta quantità di moto. Quando le due particelle si trovano abbastanza lontane affinché non possano più trasmettersi informazioni alla velocità della luce, considerata anche l'elevata quantità di moto, due rispettivi osservatori effettuano delle misure. Un osservatore misura la quantità di moto della prima particella e l'altro misura la posizione della seconda particella. Considerato che le particelle hanno stessa quantità di moto in direzione opposta, scaturisce che la conoscenza della variabile posizione o quantità di moto di una particella implica la conoscenza della stessa variabile per l'altra particella. Di conseguenza, le variabili, posizione e quantità di moto, risultano conosciute per entrambe le particelle, ovvero per il sistema di particelle, con estrema precisione. Il risultato ottenuto è paradossalmente in completo contrasto con quanto affermato dal principio di indeterminazione di Heisenberg. La conseguenza è che i principi della meccanica quantistica non possono essere validi.

Purtroppo, sebbene Einstein non ha mai accettato l'esistenza di tale azione istantanea si sbagliava. In merito al bizzarro comportamento secondo la teoria quantisitica, Einstein ha avuto torto e quindi il mondo si è dimostrato veramente essere pazzo.

Il fenomeno dell'entanglement è stato ampiamente verificato sperimentalmente.

La prima verifica sperimentale fu eseguita, per esclusione probabilistica, nel 1982 dal fisico francese Alain Aspect, poi ne seguirono molte altre.

Aspect studiando le proprietà di due fotoni posti in correlazione tra loro, opportunamente separati e lanciati in direzioni opposte, dimostrò la violazione delle diseguaglianze di Bell, così verificando con altissima probabilità il fenomeno dell'entanglement quantistico.

Con lo stesso esperimento stabilì l'esclusione dell'esistenza di eventuali variabili nascoste di carattere locale, che potessero mettere in dubbio il comportamento quantistico dei due fotoni.

Si ricorda che il principio di località afferma che oggetti distanti non possono avere influenza istantanea l'uno sull'altro.

Il teorema di Bell, nella sua forma più semplice, afferma che *"Nessuna teoria fisica a variabili **locali** nascoste può riprodurre le predizioni della meccanica quantistica"*.

Quando vengono violate le diseguaglianze di Bell, allora anche una eventuale teoria a variabili nascoste dovrà essere necessariamente non locale, tali da permettere lo scambio di informazioni istantanee.

In definitiva, resta confermato che il mondo dei quanti si comporta al di sopra di ogni prospettiva convenzionale, che oltretutto si manifesta anche attraverso l'esistenza dell'entanglement.

Nonostante sia stata dimostrata l'esistenza di scambio di informazioni istantanee per particelle microscopiche dell'ordine quantistico, è doveroso precisare che la Relatività speciale rimane abbondantemente valida per i corpi macroscopici.

Vediamo ora, di comprendere meglio cosa è l'Entanglement quantistico, con degli esempi esplicativi.

Supponiamo di avere due elettroni A e B aventi gli stati quantistici di SPIN inizialmente tra loro correlati, intrecciati (appunto "Entangled").

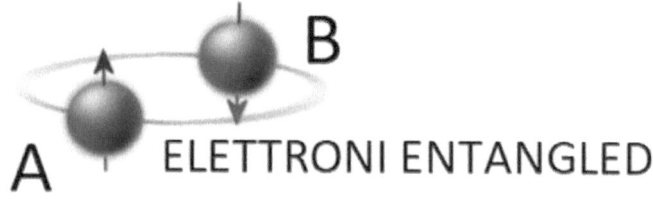
ELETTRONI ENTANGLED

L'elettrone A avrà inizialmente spin UP e l'elettrone B avrà spin DOWN.

Se questi vengono allontanati e posti a grande distanza tra di loro,

SEPARAZIONE

eseguendo una modifica dello stato quantistico di A (ad es. variando lo spin da UP a DOWN) succede che istantaneamente si ha un effetto sullo stato quantistico della particella B. In particolare l'elettrone B passa da uno stato di spin DOWN a spin UP, nel rispetto del principio di esclusione del Pauli.

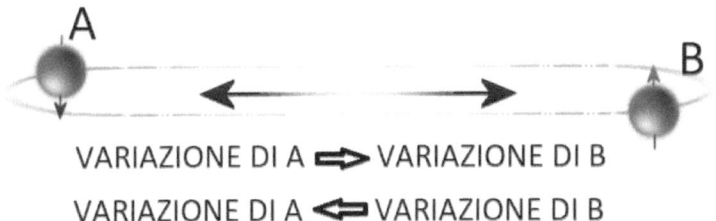

VARIAZIONE DI A ⇒ VARIAZIONE DI B
VARIAZIONE DI A ⇐ VARIAZIONE DI B

Tale caratteristica quantistica è fondamentale negli studi dei computer quantistici e del teletrasporto.

Il teletrasporto è sempre stato ampiamente utilizzato nei svariati film di fantascienza, in particolare nell'universo fantascientifico di Star Trek.

Ognuno di noi ha sempre immaginato di essere teletrasportato da un luogo ad un altro.

Nel 1993, un gruppo di fisici teorici affrontando gli argomenti dell'entanglement e non-località si resero conto che una coppia di particelle entangled poteva essere usata per teletrasportare uno stato quantistico da una posizione a un'altra posizione distante, in modo istantaneo, anche se il mittente non conosceva lo stato quantistico o la posizione del ricevente, coniando il termine in "teletrasporto quantistico"

Nell 1997, quattro anni appena dopo la scoperta teorica, due gruppi riuscirono nell'impresa del teletrasporto quantistico. Il primo fu quello di Danilo Boschi, allora all'Università "La Sapienza" di Roma, e colleghi, seguito solo pochi mesi dopo dal gruppo di Bouwmeester, in Austria, anche se quest'ultimo gruppo pubblicò la scoperta per primo.

Nel 2017 è stato dimostrato il teletrasporto quantistico tra un satellite e una stazione terrestre in Cina, su distanze fino a 1200 chilometri.

Non bisogna confondere però il teletrasporto come trasporto di materia. Il fenomeno va inteso come trasporto di stati quantistici, per ora possibile con riferimento alle sole particelle elementari o al massimo ad atomi.

Considerato, però, che la materia è costituita da particelle elementari non è precluso che in un futuro non molto lontano il trasporto di materia potrebbe diventare realtà.

La proprietà di entanglement è alla base del funzionamento dei computer quantistici. La super-velocità di questi computer è principalmente legata alla caratteristica di poter funzionare senza il vincolo di trasferimento delle informazioni all'interno dei circuiti alla velocità della luce.

I computer quantistici, oltre che le proprietà di entanglement sfruttano anche il principio di sovrapposizione, per il quale viene introdotto il concetto di QBIT (QUANTUM BIT) in sostituzione dei BIT nei computer classici.

In un circuito classico le informazioni vengono trasmesse attraverso BIT che possono assumere solo valori pari a 0 oppure 1, equivalente a SPENTO e ACCESO.

In termini quantistici lo stato di una particella, può essere oltre che ACCESO e SPENTO anche in sovrapposizione ACCESO-SPENTO.

Con il formalismo di Dirac

$$|STATO\ QBIT\rangle = a|ACCESO\rangle + b|SPENTO\rangle$$

$$|0-1\rangle = a|0\rangle + b|1\rangle$$

Quindi le combinazioni possibili diventano infinite.

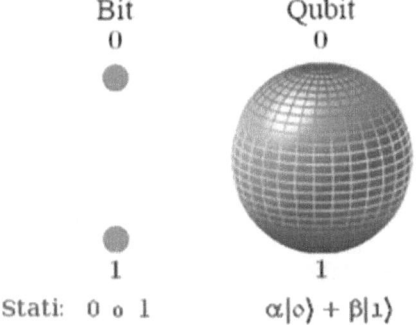

Bit
0
●

●
1
Stati: 0 o 1

Qubit
0

1
$\alpha|0\rangle + \beta|1\rangle$

E' a partire dagli anni '80 che gli scienziati si cimentano nello sviluppo del computer quantistico (o computer quantico), un super elaboratore che sfrutta le leggi della fisica e della meccanica quantistica per superare le barriere dei super-computer di oggi e aprire nuovi orizzonti per l'Intelligenza Artificiale.

Attualmente sono già disponibili Computer Quantistici basati su pochi QUBIT e si potrebbero comunque arrivare al massimo entro un decennio alla commercializzazione di veri e propri CQ, considerato che sono in corso sperimentazioni e ricerche da parte di IBM, Google, Microsoft, Intel, centri ricerche del MIT e di Harvard.

L'analogia che segue potrebbe far meglio comprendere il fenomeno dell'entanglement da un punto di vista strettamente qualitativo.

Immaginiamo di avere una moneta e due telecamere che puntano rispettivamente le due facce.

La camera A osserverà la faccia denominata Croce, mentre la camera B osserverà l'altra faccia denominata Testa.

Ora ruotiamo di 180° la moneta, in modo che la faccia Croce si rivolta verso B e la faccia Testa verso A

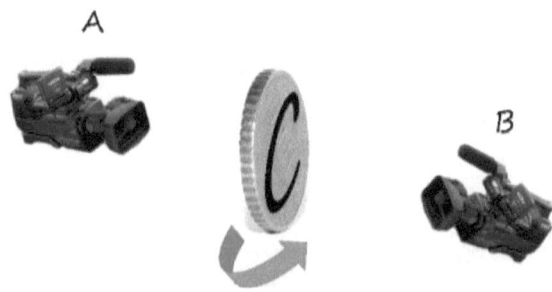

Ogni volta che A cambia stato, da testa passa a Croce, come conseguenza anche B cambia istantaneamente stato e passa da Croce a Testa.

Abbiamo così ottenuto un trasferimento istantaneo di informazione intrecciata o meglio Entangled.

COMMONS.WIKIMEDIA.ORG
"Nella scienza uno prova a dire alla gente, in un modo che sia compreso da tutti, qualcosa che nessuno conosceva prima. Ma nella poesia, è l'esatto opposto."

PAUL ADRIEN MAURICE DIRAC
https://www.frasicelebri.it/frasi-di/paul-adrien-maurice-dirac/

2.15 ALTRE INTERPRETAZIONI E TEORIE

E' utile ricordare che vi sono altre numerose interpretazioni e teorie della meccanica quantistica, delle nel seguito si darà solo breve cenno alle più note.

L'interpretazione a molti mondi, è stata proposta da Hugh Everett III nel 1957 ("Many Worlds Interpretation") e considera la funzione d'onda come ontologicamente reale, negandone il collasso. Ogni possibilità descritta dall'equazione di Schrödinger esiste in una sua specifica realtà. Quando mettiamo il gatto nella scatola l'universo si divide in due: un universo che contiene un gatto morto ed uno che ne contiene uno vivo. Tutto questo implica un numero pressoché infinito di mondi paralleli meglio definiti come multiversi.

La Teorie delle stringhe e delle superstringhe, sono teorie ancora in fase di sviluppo indirizzate all'unificazione della meccanica quantistica con la relatività generale (gravità), al fine della costituzione di una teoria del tutto. In tale teoria i costituenti fondamentali sono delle stringhe (vibranti) ad una dimensione, in sostituzione di particelle puntiformi.

L'interpretazione transazionale, abbreviata con l'acronimo TIQM dalla definizione inglese transactional interpretation of quantum mechanics, è stata presentata nel 1986 dal fisico John Cramer dell'Università di Washington. Si basa su di un'evoluzione dell'equazione d'onda di Schrödinger che prende in considerazione i principi della teoria della relatività (equazione di Klein-Gordon). Questa equazione contiene due soluzioni descriventi due onde: una soluzione che descrive il flusso di energia dal passato al futuro, onde ritardate, e una soluzione che descrive il flusso di energia dal futuro al passato, onde anticipate.

La transazione tra onde ritardate, provenienti dal passato, e onde anticipate, provenienti dal futuro, dà luogo alla nota dualità onda/particella. La proprietà delle onde è conseguenza dell'interferenza delle onde ritardate e anticipate; la proprietà della particella è dovuta alla localizzazione della transazione.

L'interpretazione statistica è un'estensione dell'interpretazione probabilistica di Max Born della funzione d'onda. La funzione d'onda non viene considerata un'entità reale e viene negata l'applicazione ad un sistema singolo, come un fotone o una particella, mentre viene imposto che essa descriva semplicemente il comportamento statistico di un insieme di sistemi, allo stesso modo in cui le leggi probabilistiche descrivono il comportamento delle molecole di un gas nel suo insieme. I misteri dei quanti vengono equiparati ai "misteri" relativi ai numeri che potrebbero uscire da un lancio di dadi. Il dualismo onda/particella non esiste proprio in questa interpretazione.

Teorie delle variabili nascoste, prevede che la meccanica quantistica sia una teoria incompleta, mentre il comportamento della materia resta di tipo deterministico e la sua natura appare indeterminata esclusivamente per la mancata conoscenza di variabili nascoste. Albert Einstein fu il più grande sostenitore di tale teoria. Ma come abbiamo visto la teorie a variabili locali nascoste risulta incompatibile con i risultati dei numerosi esperimenti sulle disuguaglianze di Bell, scaturendone che la meccanica quantistica conserverebbe il proprio carattere di non-località.

L'interpretazione di de Broglie-Bohm, ("Guide Wave Interpretation") fu proposta originariamente da Louis de Broglie e poi migliorata e sostenuta da David Bohm. Fa parte del gruppo detto "a variabili nascoste". Secondo questa teoria ad ogni tipo di particella è associata un'onda ("onda pilota") che guida il moto della particella.

L'onda pilota è ben reale e permea tutto l'universo, costituendone l'ordine implicato (non manifesto), che Bohm considera avere una struttura ologrammica, in quanto lo schema globale è riprodotto in ogni sua singola parte. Quello che noi possiamo osservare è solo l'ordine esplicato, che risulta dall'elaborazione che il nostro cervello effettua delle onde di interferenza. Poiché Bohm riteneva che l'universo fosse un sistema dinamico (mentre il termine ologramma rimanda di solito ad un'immagine statica), utilizzò il termine "Olomovimento" per descrivere la natura del cosmo.

Nello spiegare il processo di entanglement, Bohm afferma che le due particelle o come distinte ma interconnesse sono una cosa sola ad un livello di realtà più profondo. Se due telecamere differenti riprendessero lo stesso pesce in un acquario, infatti, noi potremmo avere la percezione di vedere due pesci stranamente interconnessi tra loro. Ogni cambiamento nei movimenti dei due pesci, infatti, sarebbe sincrono. Ciò che nei due televisori (ordine esplicato) sembra diviso, noi sappiamo trattarsi di un'unica entità nell'acquario (ordine implicato). Allo stesso modo le due particelle entangled costituirebbero un'unità su un piano di realtà più fondamentale di quello che i nostri sensi percepiscono.

L'interpretazione a storie consistenti e teoria di Ghirardi-Rimini-Weber, è una cosiddetta "teoria oggettiva del collasso" e introduce l'idea che la funzione d'onda collassi spontaneamente, senza alcun intervento di misura esterno. Il gatto di Schrödinger è vivo e morto solo per una brevissima frazione di secondo e poi assume uno dei due stati in modo casuale.

L'interpretazione di Berkeley, si basa sul concetto che la causa di tutte le nostre percezioni non è una realtà materiale esterna, ma una volontà o spirito, che si identificava con il Dio cristiano; come il sogno è generato dalla nostra mente, l'universo è una sorta di sogno collettivo suscitato da Dio nelle nostre anime. La realtà fisica non è considerata come qualcosa di esistente oggettivamente in sé e per sé, ma solo come una teoria matematica esistente come concetto nella mente di Dio e proiettata da Dio nelle nostre menti attraverso le immagini sensoriali che percepiamo; dunque tanto la funzione d'onda quanto il suo collasso, sono reali solo in quanto rappresentano le modalità con cui Dio concepisce l'universo e suscita in noi le nostre impressioni sensoriali. Questa interpretazione non ha alcun supporto scientifico dunque è esclusivamente di tipo metafisico.

COMMONS.WIKIMEDIA.ORG
"Questo non è giusto. Questo non è neppure sbagliato."
Wolfgang Pauli, leggendo un documento di un giovane fisico
WOLFGANG ERNST PAULI
https://www.frasicelebri.it/frasi-di/wolfgang-ernst-pauli/

3 L'ATOMO

3.1 LE DIMENSIONI DELL'ATOMO

Il modello atomico quantistico, secondo il modello standard, prevede un nucleo centrale costituito da neutroni e protoni, rispettivamente a carica elettrica neutra e positiva, circondato da una nuvola di probabilità occupata da elettroni, a carica negativa, confinati in apposite porzioni spaziali, definiti orbitali.

E' interessante notare che nelle proporzioni degli elementi costituenti l'atomo, se il nucleo fosse grande come un'arancia allora l'elettrone sarebbe grande come un granello di sabbia, ed il raggio dell'atomo sarebbe pari a circa 1,00 km.

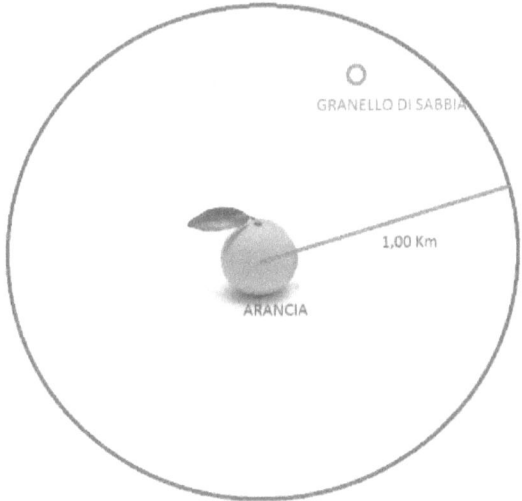

Questo porta alla considerazione che l'atomo è costituito principalmente, per circa il 99%, dal "vuoto", poi da un piccolo nucleo dove risulta concentrata quasi tutta la massa atomica, ed infine troviamo dei minuscoli elettroni.

Come diretta conseguenza risulta che tutto ciò che ci circonda, noi compresi, è costituito principalmente da "vuoto" per circa il 99%.

Visto che anche il nostro corpo è costituito principalmente da vuoto, come mai non riusciamo ad attraversare componenti opachi, quali pareti murarie?

La motivazione risiede nel fatto che il vuoto, di cui è costituito l'atomo, non è affatto sterile, ma è animato dalla danza quantistica degli elettroni negli spazi orbitali, dove gli stessi atomi non possono arbitrariamente compenetrarsi, grazie al principio di esclusione del Pauli

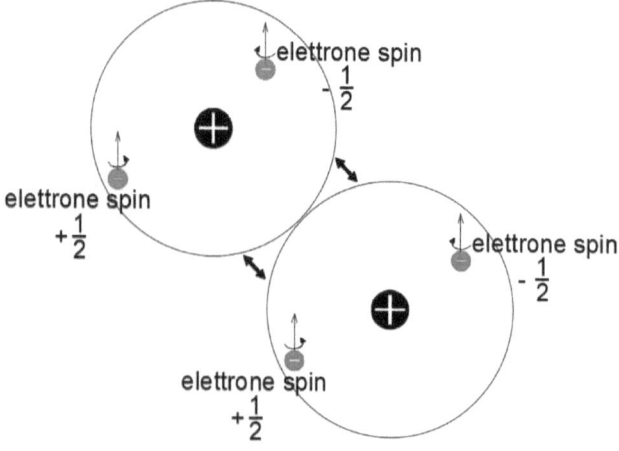

Il principio di esclusione di Pauli afferma che due elettroni non possono coesistere allo stesso livello energetico e nello stesso orbitale, con lo stesso numero quantico secondario di spin; considerato che i valori di spin secondario possibili per l'elettrone sono solo due: +1/2 e -1/2, uno stesso orbitale energetico può al massimo contenere due elettroni a spin opposto e quindi gli orbitali di atomi vicini non possono compenetrarsi se non nel limite imposto.

Le particolari caratteristiche dell'atomo quantistico, ampiamente illustrate nei paragrafi precedenti, evidenziano tutte le proprietà che creano la distinzione dai ben lontani concetti della fisica classica, ed esaltano la natura casuale e bizzarra dell'atomo.

3.2 IL NUCLEO E GLI ISOTOPI

Il nucleo costituisce la parte centrale dell'atomo, dove è concentrata la maggior parte della massa dello stesso atomo, in considerazione dell'esiguo valore della massa dell'elettrone.

Inizialmente si pensava che il nucleo fosse costituito esclusivamente da massa carica positivamente, che bilanciava la carica degli elettroni orbitanti.

Ma in tale condizione i calcoli non tornavano, dato che il peso atomico teorico risultava essere inferiore al peso atomico effettivo.

Con la scoperta del Neutrone nel 1932, ad opera del fisico inglese James Chadwick, venne risolto il problema della differenza di massa sopra evidenziata.

Veniva così definita la configurazione del nucleo, costituito da Protoni, aventi carica positiva, e Neutroni, aventi carica neutra.

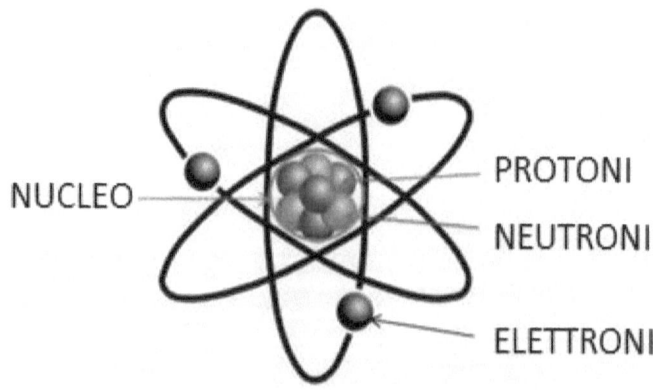

Si precisa che la raffigurazione dell'atomo come nella figura precedente è esclusivamente di carattere figurativo, ricordando

che gli elettroni non orbitano intorno al nucleo, bensì danzano negli orbitali quantistici.
In definitiva i neutroni sono particelle che intervengono nella definizione della massa di un atomo, ma sono ininfluenti in termini di carica e numero di elettroni.
Un elemento chimico è tanto più pesante quanti più protoni e neutroni contiene il proprio nucleo atomico.
L'idrogeno, avendo solo un elettrone ed un protone, è un elemento leggero. Lievemente più pesante, ma comunque leggero risulta l'Elio costituito da due protoni, due neutroni e due elettroni, diversamente dal Carbonio che risulta essere molto più pesante e costituito da sei protoni, sei neutroni e sei elettroni. Ed ancora il Ferro, evidentemente il più pesante degli elementi precedenti costituito da ventisei protoni, trenta neutroni e ventisei elettroni. E così via.

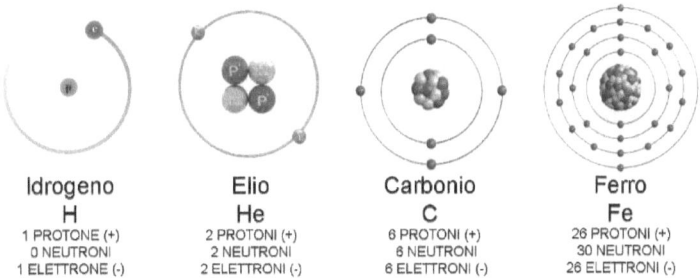

Idrogeno	Elio	Carbonio	Ferro
H	He	C	Fe
1 PROTONE (+)	2 PROTONI (+)	6 PROTONI (+)	26 PROTONI (+)
0 NEUTRONI	2 NEUTRONI	6 NEUTRONI	30 NEUTRONI
1 ELETTRONE (-)	2 ELETTRONI (-)	6 ELETTRONI (-)	26 ELETTRONI (-)

Un stesso elemento chimico può avere atomi costituiti da un numero diverso di Neutroni, a parità del numero di elettroni e protoni. L'elemento così distinto viene chiamato ISOTOPO.
Un numero diverso di protoni distinguono il tipo di elemnto, mentre un numero diverso di neutroni distinguono il tipo di isotopo di uno stesso elemento.

Gli isotopi sono posti alla base degli studi sulla radioattività. Esaminiamo il caso dell'idrogeno, quale primo elemento della tabella periodica.

L'idrogeno può avere tre tipi di Isotopi: Idrogeno comune senza la presenza di neutroni, Idrogeno pesante o Deuterio con 1 neutrone ed infine Trizio con 2 neutroni.

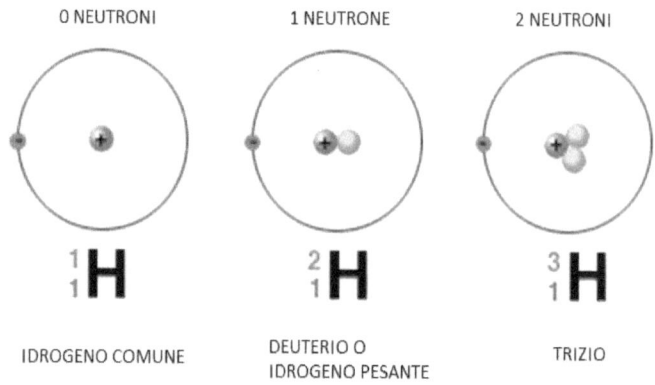

Si noti come il numero di protoni e di elettroni restano gli stessi e di conseguenza anche la carica totale resta comunque e sempre neutra.

Il numero neutroni sommato al numero di protoni assume la denominazione di "numero di massa atomica".

$$n_{\text{massa atomica}} = n_n + n_p$$

Invece il numero di protoni, che per la neutralità dell'atomo, saranno uguali al numero di elettroni, rappresentano il "numero atomico".

$$n_{\text{atomico}} = n_p = n_e$$

Gli isotopi di uno stesso elemento avranno, quindi, lo stesso numero atomico ma differente numero di massa atomica, a causa del numero differente di neutroni.

Gli isotopi dell'idrogeno possono essere riassunti dalla tabella che segue:

ISOTOPO	n massa atomica = A	n atomico = Z
Idrogeno comune	1	1
Deuterio	2	1
Trizio	3	1

Un elemento chimico viene solitamente identificato da due numeri posti prima della lettera identificativa in basso ed in alto. Il numero in alto rappresenta in numero di massa atomica che contraddistingue l'isotopo, il numero in basso rappresenta il numero atomico che contraddistingue l'elemento chimico.

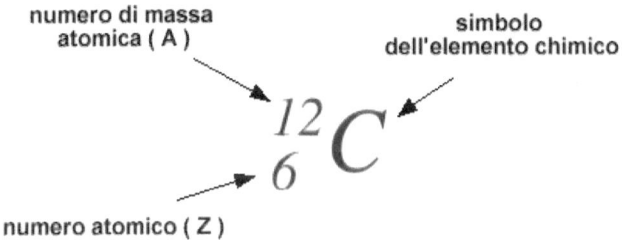

COMMONS.WIKIMEDIA.ORG

"La sua teoria, caro signore, è folle. Ma non è abbastanza folle da essere vera."

NIELS BOHR
https://www.frasicelebri.it/frasi-di/niels-bohr/

4. RADIOATTIVITÀ

4.1 RADIOATTIVITÀ NATURALE ED ARTIFICIALE

La radioattività è una caratteristica relativa ad atomi con elevato numero atomico attraverso il decadimento di nuclei instabili.

Quando un nucleo presenta un numero elevato di protoni succede che la forza di repulsione coulombiana di natura elettromagnetica (di tipo debole), prevale sulle forze nucleari (di tipo forte), e nella ricerca di un equilibrio il nucleo emette delle particelle che prendono il nome di "radiazione nucleare".

Il nucleo quindi subisce un "decadimento" ovvero una trasformazione del nucleo originario attraverso emissione di radiazione.

E' come se all'interno del nucleo la presenza di troppi protoni non fosse gradita.

Il fenomeno della radioattività può essere di tipo naturale o artificiale.

La radioattività naturale è una caratteristica propria di alcuni elementi di essere instabili e decadere in un determinato tempo, più o meno lungo.

La radioattività artificiale avviene attraverso processi appositamente indotti su alcuni elementi aventi già determinate caratteristiche radioattive.

Le radiazioni scaturenti dal fenomeno della radioattività sono denominate raggi alfa (α), raggi beta (β), raggi gamma (γ).

Sebbene presentano la denominazione di raggi, in realtà sono delle particelle.

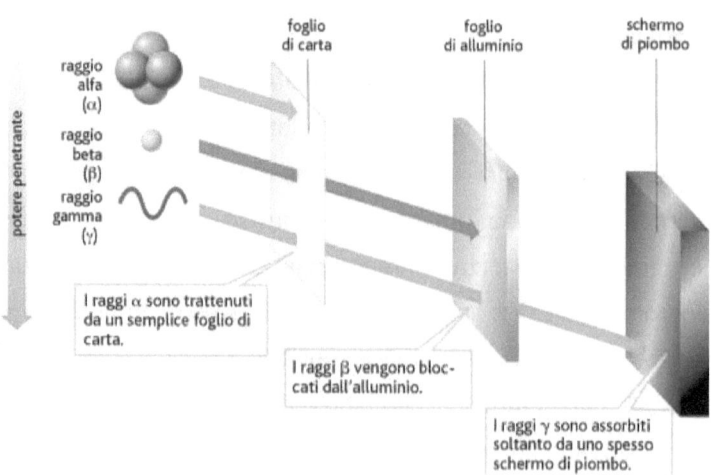

I raggi α sono costituiti da nuclei di Elio (2 Protoni +2 Neutroni), quindi presentano una carica di tipo neutro e possono essere ostacolati o trattenuti semplicemente da un foglio di carta.

I raggi β sono costituiti esclusivamente da un elettrone (1 e⁻), quindi possiedono una carica negativa e possono essere bloccati da un foglio di alluminio.

I raggi γ sono costituiti da radiazione elettromagnetica ovvero Fotoni. Tali fotoni a causa delle elevate energie atomiche in gioco, presentano un elevato valore di frequenza, in virtù della proporzionalità dell'energia con la frequenza, data dalla nota equivalenza di Planck $E = h\nu$.

Per tale motivo le radiazioni γ sono le più penetranti e pericolose, tanto che per trattenerle è necessario interporre una schermatura di piombo.

I tre tipi di radiazione sono facilmente separabili, se posti all'interno di un campo elettrico. In tale situazione i raggi γ, essendo privi di carica, in quanto costituiti da Fotoni (radiazione elettromagnetica), proseguono indisturbati, i raggi α devieranno verso il polo negativo ed infine i raggi β devieranno verso il polo positivo.

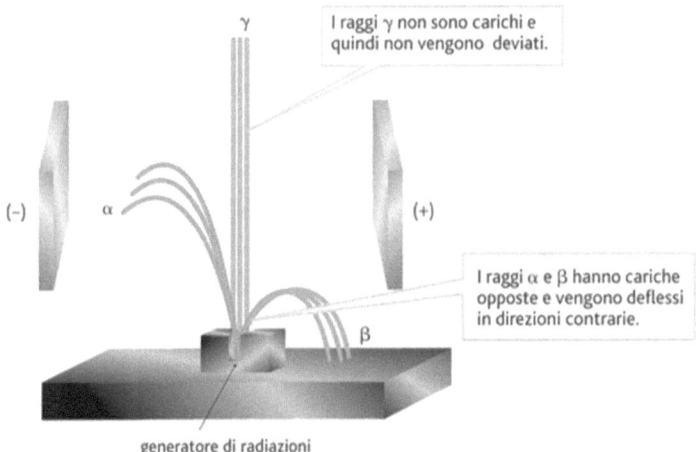

Una misura importante del decadimento radioattivo è rappresentata dal tempo di dimezzamento o emivita, che è una misura di tipo probabilistico indicante il tempo necessario affinché la metà dei nuclei atomici decadono in altri nuclei atomici.

I tempi di decadimento e la tipologia di decadimento varia con il tipo di elemento di partenza e di isotopo.

In natura la maggior parte degli elementi presentano nuclei stabili o con tempi di decadimento abbastanza lunghi e questo è il caso degli atomi leggeri (Elio, Idrogeno, Ossigeno, etc..), tant'è che tali elementi in natura sono stabili.

Invece, elementi aventi nuclei pesanti, quali Uranio, Radio, Radon, etc, in natura sono instabili e decadono naturalmente in elementi aventi nuclei più leggeri.

Consideriamo ad esempio il decadimento dell'isotopo dell'Uranio tipo 238.

Inizialmente l'Uranio-238 presenta un numero di massa pari a 238, ovvero un numero complessivo di neutroni e protoni pari a 238.

A seguito del primo stadio di decadimento si trasforma in Torio-234 attraverso emissione di particelle α, in un tempo di dimezzamento pari a 4.47 miliardi di anni.

URANIO 238 (U238) DECADIMENTO RADIOATTIVO		
tipo di radiazione	nuclide	tempo di dimezzamento
α	uranio-238	4.47 miliardi anni
β	torio-234	24.1 giorni
β	protattinio-234m	1.17 minuti
α	uranio-234	245000 anni
α	torio-230	75200 anni
α	radio-226	1600 anni
α	radon-222 (*)	3.823 giorni
α	polonio-218	3.05 minuti
β	piombo-214	26.8 minuti
β	bismuto-214	19.7 minuti
α	polonio-214	0.000164 secondi
β	piombo-210	22.3 anni
β	bismuto-210	5.01 giorni
α	polonio-210	138.4 giorni
	piombo-206	stabile

Nel secondo stadio, il Torio-234 attraverso emissione di particelle β, in un tempo di dimezzamento abbastanza veloce di 24.1 giorni, decade in Protattinio-234m, che a sua volta in una emivita di 1.17 minuti, attraverso l'emissione di particelle β, decade in Uranio-234, e così via si procede come meglio illustrato in figura.

Nella radioattività artificiale, invece, il processo di decadimento viene indotto artificialmente, come ad esempio bombardando i nuclei atomici con neutroni o nucleoni (protoni e neutroni) in modo da renderli instabili.

Rientrano in tale ultima tipologia tutti gli elementi che a seguito del bombardamento diventano elementi con numero atomico maggiore di 92, detti transuranici perché ottenuti artificialmente.

Elementi con numero atomico maggiore di 109, invece, sono detti superpesanti.

Gli elementi transuranici e superpesanti non esistono in natura, ad esclusione del Nettunio ($_{93}$Np) e Plutonio ($_{94}$Pu) che derivano dal decadimento dell'Urbanio-238.

Solitamente la radioattività viene associata a eventi catastrofici quali le esplosioni di bombe atomiche, incidente del reattore di Chernobyl e all'uso di strumenti radiografici nel settore medico.

Chiaramente la pericolosità di una radiazione è legata esclusivamente alle quantità interagenti.

In realtà noi siamo "naturalmente" e continuamente esposti a radiazioni, anzi sorgenti radioattive sono componenti naturali del nostro organismo.

In una persona del peso di 70 Kg, sono presenti mediamente elementi radioattivi nelle seguenti quantità:

Carbonio 14 (^{14}C) per 12.6 Kg

Potassio 40 (^{40}K) per 0.14 Kg

Torio 232 (^{232}Th) per 0.1 mg

Uranio 238 (^{238}U) per 0.1 mg

Emerge con evidenza come Torio ed Uranio sono presenti in quantità del tutto trascurabile. Invece, Carbonio e Potassio, presenti in quantità superiore ai precedenti, a seguito di processi di decadimento liberano energia che in parte viene ceduta al corpo umano attraverso generazione di elettroni ed in parte emessa verso l'esterno con gli antineutrini, attraverso una reazione di decadimento denominata beta meno (β^-) meglio specificata nei paragrafi successivi.

Ulteriori radiazioni a cui siamo esposti sono del tipo terrestri ed extraterrestri.

Le sorgenti extratterestri sono le stelle dalle quali provengono i raggi cosmici.

Le sorgenti terrestri sono del tipo naturali e artificiali.

Le sorgenti naturali possono essere di due tipi: il primo tipo sono presenti sulla terra dal tempo della sua formazione, sempre attraverso la provenienza dai processi di nucleosintesi stellare; i secondi sono prodotti dai continui processi di interazione tra la radiazione cosmica e gli atomi dell'atmosfera.

Le sorgenti terrestri artificiali provengono dai processi di fissione nei reattori nucleari, dalle esplosioni nucleari, dalle collisioni presso gli acceleratori nei laboratori di ricerca fisica e medica, e dall'esposizione per diagnostica medica (radiografie, TAC, etc.). La loro radioattività media normalmente è inferiore delle sorgenti naturali.

Anche se è opinione consolidata che le radiazioni abbiano effetti nocivi, numerosi studi hanno verificato che le radiazioni possono avere effetti benefici nel caso di assorbimento, comunque, di piccole dosi.

Da uno studio riferito all'incidenza del cancro o malformazioni congenite, in un campione di popolazione di 10.000 abitanti di Taiwan, esposta accidentalmente per 20 anni (1983-2003) ad una dose di radiazione da 8 a 20 volte superiore quella naturale, per aver abitato o frequentato edifici costruiti utilizzando ferro contaminato accidentalmente con l'elemento radioattivo Cobalto

60, è scaturito che i casi di morte per cancro e di malformazioni congenite sono state sorprendentemente e notevolmente inferiori a quelli della popolazione di Taiwan non esposta, per un valore circa 35 volte inferiore.

Sembrerebbe che piccole dosi di radiazione aumenterebbero la capacità di difesa dell'organismo nei confronti del cancro e malformazioni congenite.

Questa ricerca, però, da sola non è esaustiva e richiede conferme o smentite da ulteriori studi dedicati ai possibili effetti benefici delle radiazioni.

4.2 IL DECADIMENTO α

Nel decadimento α, un elemento si trasforma (trasmuta) in un altro più stabile, attraverso l'emissione di particelle α, consistenti in nuclei di Elio (He = 2 protoni e 2 neutroni).

Nel caso dell'Uranio-238 avente un numero di protoni e neutroni pari a 238, attraverso l'emissione di un nucleo di Elio costituito da 4 tra protoni e neutroni, abbiamo un residuo di 234 tra protoni e neutroni, che portano alla formazione di un nuovo nucleo di Torio-234.

Questo tipo di decadimento avviene nel rispetto del principio di conservazione della massa/energia.

$$^{238}_{92}U \longrightarrow \underbrace{^{4}_{2}He}_{\text{PARTICELLA ALFA}} + ^{234}_{90}Th$$

NUCLEO INIZIALE — NUCLEO FINALE

Si ricorda che il numero posto in alto indica la somma dei neutroni e dei protoni, mentre il numero in basso indica il numero di protoni presenti nel nucleo.

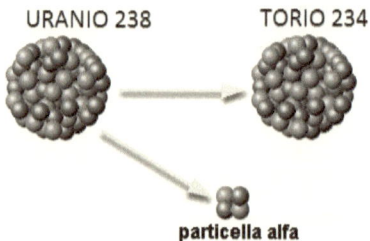

particella alfa

Come detto in precedenza il nucleo di Torio ottenuto potrebbe essere soggetto ad ulteriore decadimento con emivita e modalità differenti.

4.3 IL DECADIMENTO β⁻

Il decadimento β⁻ (beta meno) è quel processo attraverso il quale, in un nucleo instabile, il neutrone si trasforma in un elettrone (e-), un protone (p+) e anti-neutrino $\overline{v_e}$.

In realtà, come meglio avremo modo di approfondire in seguito, non è il neutrone a trasformarsi ma i suoi componenti elementari, che solo come risultato finale si concretizza con la trasformazione del neutrone in protone, in aggiunta ad altre particelle.

La legge di trasformazione del neutrone è la seguente:

$$n \xrightarrow{si\ trasforma} p + e^- + \overline{v_e}$$

Si può notare che dal neutrone viene generato un protone che, restando nel nucleo, produce un aumento del numero atomico (numero atomico = numero di protoni). Invece l'elettrone e l'anti-neutrino generati vengono emessi all'esterno.

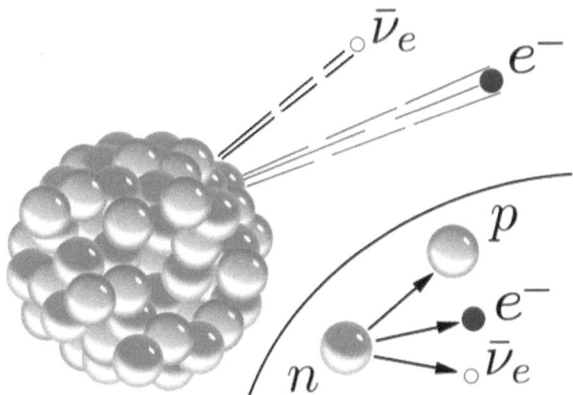

Altro nuovo elemento che appare nel processo di trasmutazione è l'anti-neutrino, che meglio approfondiremo nel seguito, quando saranno trattate le particelle elementari. Per ora descriviamo tale particella come costituita di antimateria, senza carica elettrica, di massa piccolissima pari a circa 25.000 volte quella dell'elettrone, con spin pari a 1/2 e velocità prossime a quella della luce.

Un esempio di tale decadimento è dato dal nucleo Cobalto-60, che a seguito del processo di decadimento, trasmuta in Nichel-60 emettendo un elettrone ed un anti-neutrino.

$$^{60}_{27}Co \xrightarrow{trasmuta} {}^{60}_{28}Ni + e^- + \overline{v_e}$$

La reazione di decadimento β⁻ diventa di fondamentale importanza nel processo di datazione radiometrica con il metodo denominato del Carbonio-14 (^{14}C) o radiocarbonio.

Tale metodologia fu ideata e messa a punto tra il 1945 e il 1955 dal chimico statunitense Willard Frank Libby, che per questa scoperta ottenne il Premio Nobel nel 1960.

In tale metodologia si sfrutta la caratteristica che ogni organismo vivente presenta una componente radioattiva dell'isotopo del carbonio 14, che decade in Azoto 14 (^{14}N), e due componenti di carbonio stabile ^{12}C e ^{13}C.

Il Carbonio viene acquisito attraverso il continuo scambio con l'atmosfera, anche per mezzo dell'anidride carbonica, tramite processi di respirazione o attraverso la nutrizione di altri esseri viventi e sostanze organiche, per il mondo animale, oppure attraverso il processo di fotosintesi per il mondo vegetale.

Per tale motivo è possibile radiodatare, con la tecnica del Carbonio 14, esclusivamente cose costituite da sostanze provenienti dal mondo vegetale o animale (legno, tessuto, ossa, etc..)

Quando l'organismo è vivo il rapporto di concentrazione tra l'isotopo ^{14}C e quello degli altri due isotopi stabili ^{12}C e ^{13}C si mantiene costante e uguale al rapporto presente in atmosfera. Dopo la morte, l'organismo non scambia più carbonio con l'esterno e quindi la concentrazione dell'isotopo instabile ^{14}C, per decadimento, diminuisce rispetto al quantitativo degli isotopi stabili, in maniera regolare secondo una determinata formula. La reazione di decadimento dell'isotopo di Carbonio instabile è la seguente

$$^{14}_{6}C \xrightarrow{trasmuta} {}^{14}_{7}N + e^- + \overline{v_e}$$

Essa avviene in un tempo di dimezzamento o emivita di circa 5.730 anni e secondo la seguente legge

$$(4.3.1)\ c = c_0 e^{-\frac{\Delta t}{\tau}}$$

Con

c = concentrazione di ^{14}C nei resti organici

c_0 = concentrazione di ^{14}C in atmosfera

Δt = tempo trascorso dalla morte dell'organismo

τ = vita media del ^{14}C = $\frac{emivita\ ^{14}C}{\ln 2} = \frac{5.730}{\ln 2} = 8.267\ anni$

Attraverso la formula inversa della (4.3.1), nota la concentrazione di ^{14}C presente nei resti organici è possibile determinare l'età del reperto

$$\Delta t = -\tau \log \frac{c}{c_0}$$

Non è però possibile radiodatare reperti fossili più vecchi di 50.000 anni, dove il Carbonio-14 si è totalmente trasformato in Azoto-14.

160

4.4 DECADIMENTO β^+ o β inverso

Tale processo si manifesta attraverso la trasformazione all'interno del nucleo di un protone in un neutrone (n), un positrone (e^+) e un neutrino (ν).

Il neutrone, generato con il processo di decadimento, resta nel nuovo nucleo mentre il positrone ed il neutrino vengono emessi all'esterno.

$$p \xrightarrow{si\ trasforma} n + e^+ + \nu_e$$

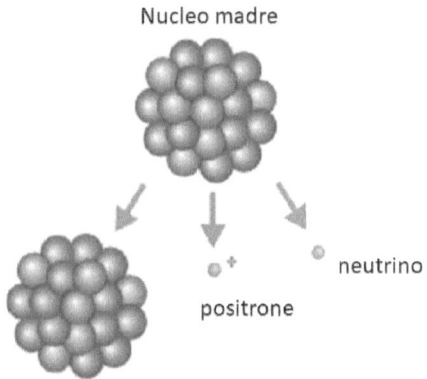

Nucleo madre

positrone   neutrino

Nucleo figlio
(un protone in meno e
un neutrone in più)

Affinché sia possibile ottenere questo tipo di decadimento è necessario fornire elevata energia, perlomeno nella fase iniziale di avviamento.

Per tale motivo tale decadimento risulta essere tipizzato come non spontaneo.

Il positrone è l'anti-elettrone, ovvero il corrispondente dell'elettrone come antimateria, ed ha la stessa massa dell'elettrone ma carica opposta, positiva.

Il positrone ha la caratteristica che se posto a contatto con l'elettrone, materializzando l'incontro tra materia ed antimateria, entrambe si annichiliscono in un tempo brevissimo, circa 10^{-9} sec, ciò si annientano dando origine a due bagliori, costituiti da 2 fotoni.

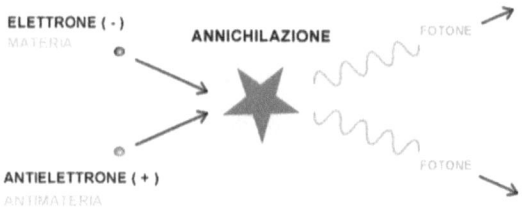

Questa particolarità dell'anti-elettrone, viene utilizzata in campo medico nel processo denominato PET (tomografia a emissione di positroni), che permette, a differenza delle radiografie ai raggi X, di avere informazioni di tipo fisiologico della materia.

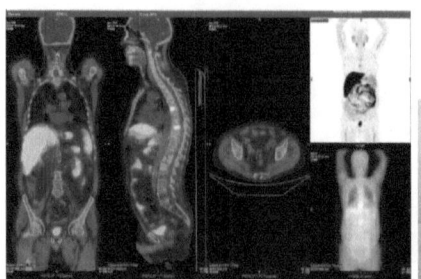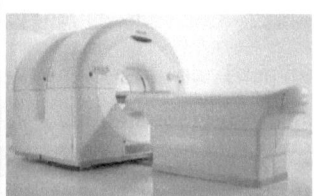

Per ottenere i risultati desiderati è necessario seguire un processo opportuno.

La procedura inizia con l'iniezione, al paziente, di un radiofarmaco, costituito da un radio-isotopo tracciante con emivita breve, che si lega chimicamente ad una molecola attiva a livello metabolico (vettore).

La molecola vettore diffonde il radio-isotopo nel corpo da analizzare.

Per via del loro basso tempo di dimezzamento, i radioisotopi devono essere prodotti da un ciclotrone posizionato in prossimità dello scansionatore PET.

L'isotopo, così diffuso internamnete al corpo biologico, subisce un decadimento β inverso emettendo un positrone.

Dopo un percorso che può raggiungere al massimo pochi millimetri, il positrone si annichila con un elettrone, producendo una coppia di fotoni gamma emessi in direzioni opposte. Le coppie di fotoni vengono così opportunamente rilevate da uno scanner, costituito da tubi fotomoltiplicatori.

Dalla misurazione della posizione in cui i fotoni colpiscono il rilevatore, si può ricostruire l'ipotetica posizione del corpo da cui sono stati emessi.

Questa tecnica radiologica produce una dose di irradiazione equivalente all'effettuazione di una TAC (tomografia assiale computerizzata), operante con i raggi X, e quindi pari a circa 385 radiografie toraciche.

Ritorniamo al processo di decadimento ed esaminiamo le ulteriori particelle prodotte nella reazione.

Il neutrino è una particella costituita da materia, che non ha carica elettrica, ha una massa piccolissima pari a circa 25.000 volte quella dell'elettrone, con spin pari a 1/2 e velocità prossime a quella della luce.

A causa della sua neutralità e del piccolo valore di massa, il neutrino è una particella di difficile individuazione. Fortunatamente, grazie alle elevate velocità possedute da queste ultime particelle, prossime al valore della velocità della luce, si riesce a rilevarle attraverso la misura della corrispondente energia cinetica, sfruttando l'equivalenza massa-energia.

4.5 DECADIMENTO γ

Questo processo non è indipendente ma avviene nell'ambito di altri processi di decadimento, attraverso l'emissione di fotoni (raggi γ) a seguito dell'annichilazione di un elettrone (e⁻) con un positrone (e⁺), così come già descritto nel paragrafo precedente. In termini di reazione

$$e^- + e^+ \xrightarrow{si\ annichiliscono} 2\gamma$$

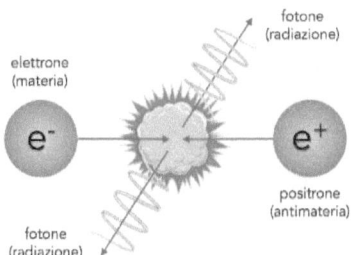

COMMONS.WIKIMEDIA.ORG
"Piantala di dire a Dio che cosa fare con i suoi dadi."
Risposta di Bohr all'affermazione di Albert Einstein: Dio non gioca a dadi con l'universo

NIELS BOHR
https://www.frasicelebri.it/frasi-di/niels-bohr/

5 FISSIONE NUCLEARE

5.1 LA REAZIONE DI FISSIONE A CATENA

La fissione nucleare è un processo di decadimento radioattivo, dove il nucleo di un elemento chimico pesante decade in frammenti di minori dimensioni, con emissione di una grande quantità di energia e radioattività.

Condizione necessaria affinché avvenga tale processo è la presenza di un materiale o meglio un isotopo di tipo "fissile", ciò capace di una reazione a catena.

Un elemento non capace di seguire una reazione a catena ma comunque divisibile, viene definito "fissionabile".

Per gli isotopi dell'Uranio, ad esempio, abbiamo che l'Uranio 235 (U^{235}) è un isotopo fissile, mentre l'Uranio 238 (U^{238}), che poi è il più abbondante in natura, è fissionabile.

Per avviare un processo di fissione a catena, si procede a bombardare l'isotopo fissile con un neutrone lento, in modo tale che detta particella resti intrappolata nel nucleo colpito, provocando un aumento del numero atomico così da renderlo ancora più instabile, fino a spezzarsi.

Il nucleo di partenza si divide in due nuclei più piccoli.

Il neutrone, deve avere una adeguata velocità in modo da restare intrappolato nel nucleo colpito, altrimenti potrebbe attraversarlo.

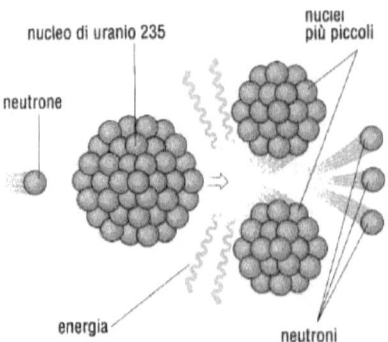

Nel corso del processo di fissione, per ogni nucleo bersaglio di partenza ed un neutrone si generano due nuclei più piccoli, tre neutroni ed energia.

I tre neutroni così generati serviranno all'innesco di ulteriori processi di fissione a catena.

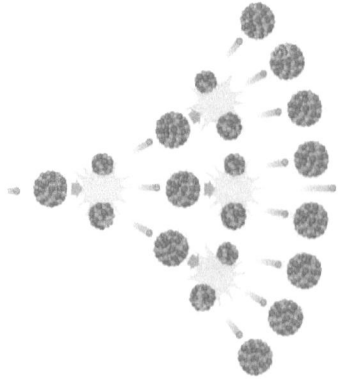

Ulteriore condizione perché avvenga il processo di fissione è data dalla presenza di una quantità di massa minima, definita "massa critica".

La massa critica di un materiale fissile rappresenta la quantità minima, necessaria affinché una reazione nucleare a catena possa autosostenersi in maniera autonoma.

Continuiamo con un esempio considerando l'Uranio²³⁵. Bombardando quest'ultimo elemento con un neutrone lento, tale da restare impigliato nel nucleo, la nuova configurazione sarà la seguente: un numero di neutroni e protoni (insieme definiti nucleoni), complessivamente pari a 235+1=236, che potremmo chiamare Uranio²³⁶.

Il nuovo isotopo così ottenuto, si spezza in Bario¹⁴¹ e KRYPTON⁹², oltre ad emettere tre neutroni; complessivamente il numero di nucleoni (protoni o neutroni) degli elementi di partenza saranno uguali al numero di nucleoni degli elementi generati: 1+235 = 141+92+3.

Mentre la somma del numero di protoni e neutroni di partenza è equivalente al numero degli stessi in uscita, succede che la massa in ingresso è diversa dalla massa in uscita.

La differenza di massa del neutrone e del U²³⁵ iniziali, rispetto alla somma delle masse dei prodotti finali (Ba+Kr+3n) dopo la reazione, è conseguenza della trasformazione di parte della massa in energia, per l'equivalenza dettata dalla famosa relazione di Einstein E=mc².

Considerato l'elevato valore della costante c, velocità della luce nel vuoto, è facile capire come piccole differenze di masse possano generare elevate quantità di energia.

In termini quantitativi per un solo nucleo di U²³⁵ si ha:

$$E = [(m_{1n} + m_{U^{235}}) - (m_{B^{141}} + m_{K^{92}} + 3m_{1n})] c^2 = 211 \, MeV$$

con

E = energia sviluppata nel processo
m_{1n} = massa di un neutrone
$m_{U^{235}}$ = massa di un nucleo di Uranio 235
$m_{B^{141}}$ = massa di un nucleo di Bario 141
$m_{K^{92}}$ = massa di un nucleo di Krypton 92
c^2 = velocità della luce al quadrato

Questa energia, si manifesta con l'emissione di raggi gamma ed in piccola parte (5% circa) viene convertita in energia cinetica e quindi calore.

E' possibile calcolare che in una reazione di fissione con soli 16 g di Uranio^{235} si ha uno sviluppo energetico pari a 1,2•10^9 KJ equivalenti a 3,33•10^5 Kwh, ovvero pari all'energia necessaria ad accendere per un'ora circa 3.300.000 lampadine da 100 Watt.

Gli isotopi Bario^{141} e KRYPTON^{92} derivanti dalla reazione di fissione, rappresentano i residui di reazione, che a loro volta, essendo instabili, decadono ulteriormente producendo radioattività, con le modalità del decadimento beta.

Altro vantaggio della reazione di fissione, è che producendo energia di processo, si autosostiene.

Una reazione di fissione in base alle modalità ed alla velocità di sviluppo, può essere di tipo incontrollata o controllata.

Entrambe le tipologie di reazione di fissione a catena verranno rispettivamente illustrate nei paragrafi che seguiranno.

5.2 REAZIONE DI FISSIONE INCONTROLLATA

La reazione di fissione abbiamo visto essere una reazione a catena autosostenuta.

Provocando una reazione senza controllo, dal processo si ottiene una enorme quantità di energia in un tempo breve, attraverso l'emissione di raggi gamma e calore, che è alla base della realizzazione di una Bomba a fissione nucleare, detta Bomba A (Atomica), che per intenderci è la "Little Boy" che fu sganciata sul centro della città di Hiroshima il 6 agosto 1945.

Per la realizzazione della Bomba A, è necessario disporre di U235, denominato Uranio arricchito, in quanto fissile, per una quantità almeno pari all'85% degli isotopi totali.

L'Uranio in natura è presente come isotopo 238 per circa 99.2%, chiamato Uranio impoverito, mentre come isotopo 235 si trova solo per il 0.72%, altri isotopi in minima percentuale completano la gamma.

Il processo di arricchimento presuppone la separazione dei due isotopi, al fine di avere una maggiore concentrazione di U^{235}.

Nella corsa agli armamenti atomici le nazioni arricchiscono l'Uranio 238, diffuso in natura, attraverso un processo lungo e complesso, per via della poca differenza di massa tra i due isotopi, pari a circa 1,26%.

Per l'innesco della reazione a catena, come già visto in precedenza, è necessario raggiungere una massa superiore a quella critica, denominata super-critica, senza però rischiare l'esplosione prima dell'innesco.

A tale proposito le masse sono tenute separate in blocchi di masse sub-critiche.

La bomba viene fatta detonare con esplosivi convenzionali, per portare istantaneamente a contatto le varie masse sub-critiche, attraverso il collasso dei separatori, unendo così il materiale nella formazione della massa super-critica.

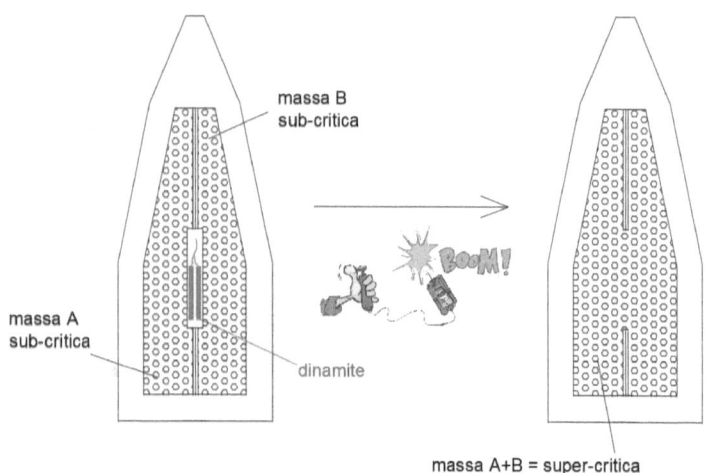

Al centro del sistema è presente anche un dispositivo, contenente una sostanza fortemente emissiva di neutroni, come il polonio, al fine di produrre i neutroni necessari all'avviamento della reazione di fissione a catena.

La testata è eventualmente rivestita esternamente con uno schermo riflettente nei confronti dei neutroni che altrimenti verrebbero persi all'esterno.

Il risultato devastante a seguito dell'innesco diventa facile da immaginare.

$^{235}U + n \rightarrow {}^{236}U$ "instabile" $\rightarrow {}^{141}Ba + {}^{92}Kr + 3n + 211$ MeV

Nella reazione a catena si sviluppano elevati valori di energia sotto forma di raggi gamma (energia elettromagnetica), calore (energia termica) e alta velocità delle particelle (energia cinetica).

Sono proprio i raggi gamma ad alta energia (piccola lunghezza d'onda ed alta frequenza), che in aggiunta alla particolarità di non avere massa, permeano tutta la materia circostante, ionizzandola e creando distruzione totale.

Nello stesso tempo le radiazioni neutroniche sviluppate nella reazione a catena, penetrano la materia alterando ulteriormente la composizione dei nuclei dei corpi biologici.

Come residui di reazione, vengono generati altri isotopi instabili, per tale motivo soggetti ad ulteriore decadimento, che aggravano le condizioni di contaminazione dei luoghi anche dopo secoli.

L'Uranio impoverito (U^{238}) invece, non essendo fissile, per restare in tema di armi militari, viene utilizzato per la realizzazione di munizioni e nelle corazzature di alcuni sistemi d'arma.

Se adeguatamente trattato l'uranio impoverito diviene duro e resistente come l'acciaio temperato ed unitamente alla particolarità di avere una elevata densità, se usato come componente di munizioni anticarro esso risulta molto efficace, decisamente in maniera superiore ad altri materiali molto più costosi.

COMMONS.WIKIMEDIA.ORG
"Non è possibile determinare contemporaneamente un'idea di una donna e la velocità a cui tale idea cambierà."
WERNER KARL HEISENBERG
https://www.frasicelebri.it/frasi-di/werner-karl-heisenberg/

5.3 FISSIONE NUCLEARE CONTROLLATA

Nel processo di fissione controllato è necessario frenare la velocità dei neutroni che si generano nel processo, al fine di avere neutroni lenti per ottenere una corrispondente lenta produzione di energia, trasformamile ed utilizzabile, diversamente dal caso della Bomba A.

Il processo di reazione di fissione a catena controllato, avviene in opportuni reattori nucleari dove posto il materiale fissile la reazione a catena viene frenata, o meglio moderata, con particelle a basso numero atomico.

Il primo reattore nucleare di cui si ha notizia è quello realizzato dall'équipe di Enrico Fermi a Chicago, nel reattore CP-1 (Chicago Pile 1), che ottenne la prima reazione a catena controllata ed autosostenuta il 2 Dicembre 1942.

Per moderare la reazione solitamente viene utilizzata acqua pesante, che è costituita da acqua con isotopi di idrogeno, come ad esempio Deuterio (^2H).

Al fine di poter rallentare i neutroni, fino a fermare completamente la reazione in caso insorgenza di problematiche preoccupanti, vengono utilizzate apposite barre di controllo, in materiale idoneo ad assorbire i neutroni.

Le barre possono essere in argento, cadmio, grafite o materiali con le stesse caratteristiche di neutralizzazione dei neutroni.

Un reattore nucleare, in maniera schematica e semplificata, può essere composto da un nucleo centrale contenente il combustibile (materiale fissile), una zona di moderazione per il rallentamento della reazione, una barra di controllo dei neutroni generati, una zona per il fluido diatermico che a seguito del riscaldamento del fluido, aziona opportune turbine per la produzione di energia elettrica.

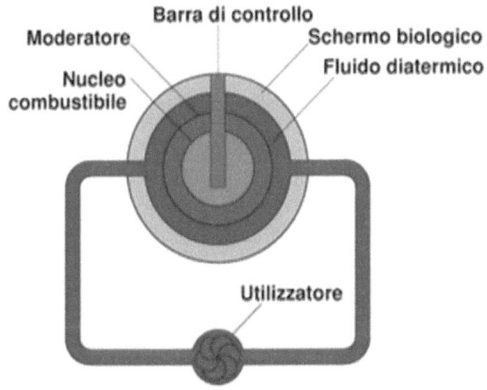

I pericoli legati all'utilizzo di centrali a fissione sono ben noti e dovuti al rischio nel controllo della reazione a catena, come già accaduto, tra i più recenti e gravi, nel 1986 a Chernobyl (Unione Sovietica), nel 2011 a Fukushima (Giappone).

Una ulteriore problematica, non di poco conto, nell'esercizio delle centrali a fissione è dovuta allo smaltimento delle scorie, composte da isotopi radioattivi derivanti dal processo di reazione di fissione.

COMMONS.WIKIMEDIA.ORG

"Dividendo la materia in unità sempre più piccole, non giungiamo alle unità fondamentali e indivisibili; giungiamo però a un punto in cui la divisione non ha più senso."

RNER KARL HEISENBERG
https://www.frasicelebri.it/frasi-di/werner-karl-heisenberg/

6 FUSIONE NUCLEARE

6.1 REAZIONI DI FUSIONE NUCLEARE

La fusione nucleare è il processo di reazione tra due nuclei a basso peso atomico, che si fondono tra loro per dar luogo ad un nuovo nucleo a più elevato numero atomico.

Tale processo è molto dispendioso in termini energetici nella fase di avviamento, dove è necessario superare le forze di repulsione elettrostatiche che si ingenerano tra i protoni dei corrispondenti nuclei, nel corso della loro fusione.

Una volta avviata la reazione, essendo di tipo esotermica, si ha emissione di energia tale da rendere il processo di fusione energeticamente autosostenibile; questo vale però per processi di fusione degli elementi con numero atomico fino a 26 (Ferro) - 28 (Nichel) al massimo.

Per tutti gli elemementi con numero atomico superiore a 28, dove il processo di fusione diventa endotermico (assorbimento di energia), il processo di reazione diventa non più energeticamente autosostenibile.

Analizziamo il caso della reazione nucleare di fusione di soli due elementi a basso numero atomico, quale è l'idrogeno negli isotopi Deuterio e Trizio.

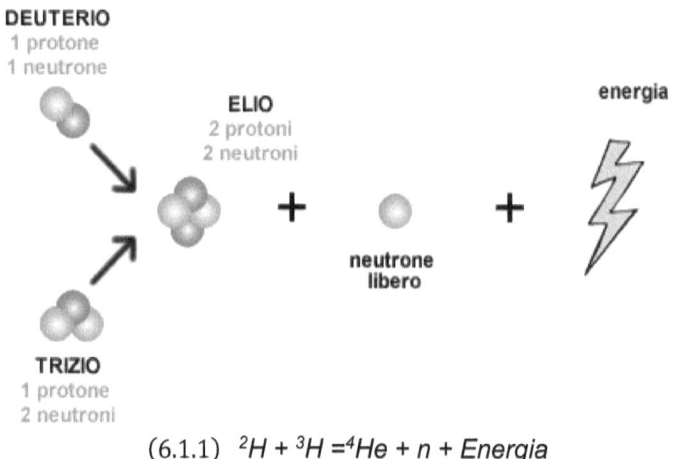

(6.1.1) $^2H + {}^3H = {}^4He + n + Energia$

Dalla fusione di un nucleo di Deuterio ed uno di Trizio viene generato un nucleo di Elio, in aggiunta ad un neutrone ed emissione di Energia.

L'emissione del neutrone rappresenta un problema, che a causa della sua elettroneutralità diventa difficile da controllare con i campi magnetici.

L'Emissione di energia di manifesta per il così detto "difetto di massa".

La massa dei nuclei di partenza risulta superiore alla massa dei nuclei generati a seguito del processo di fusione.

Questa differenza di massa è una conseguenza della trasformazione di parte della massa in energia, in accordo alla equivalenza di Einstein $E=mc^2$.

Nel caso della reazione di fusione del Deuterio con il Trizio di cui alla *6.1.1,* noti i valori delle rispettive masse degli elementi di reazione, possiamo calcolare l'energia sviluppata per difetto di massa

$$E = [(m_D + m_T) - (m_{He} + m_{1n})] \, c^2 = 3{,}5 \, MeV$$

Da questo risultato, tenendo conto del basso valore del peso atomico degli elementi di reazione rispetto al peso atomico degli elementi partecipanti al processo di reazione di fissione, si evince chiaramente il vantaggio della reazione di fusione rispetto alla precedente di fissione.

Una reazione di fusione, in realtà avviene in più stadi successivi ed in più rami paralleli.

Partendo da due elementi si giunge a costituire un nuovo nucleo per combinazione anche degli elementi intermedi.

Analizziamo uno solo dei rami possibili, di una reazione di fusione di nuclei di idrogeno con sviluppo in più stadi:

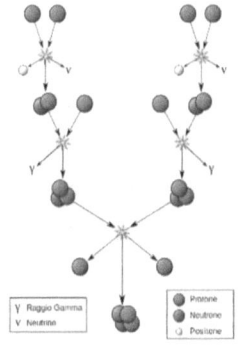

(6.1.2) $^1H + {}^1H = {}^2H + e^+ + \nu_e$

$^2H + {}^1H = {}^3He + \gamma + $ Energia

$^3H + {}^3H = {}^4He + {}^1H + {}^1H + $ Energia

Dalle reazioni precedenti emerge che nuclei di idrogeno, costituiti da un protone, nel processo di fusione, attraverso passaggi e combinazioni intermedie, si uniscono a formare nucleo di Elio, costituito da due protoni e due neutroni, oltre alla produzione di positroni, neutrini, raggi gamma ed Energia.

La fusione nucleare ha il grosso vantaggio di non produrre scorie nucleari nel corso del processo e di produrre una energia circa dieci volte superiore ad un processo di fissione, a parità di quantità di massa di partenza utilizzata.

Di contro, considerato che il processo, per la caratteristica di generare reazioni esotermiche, porta a raggiungere temperature altissime, diventa complicato contenere il materiale nel corso della sua reazione di fusione per un tempo adeguato.

Alla luce della problematica di confinamento del plasma alle elevate temperature del processo di fusione, diventa complicato realizzare un Reattore nucleare di fusione, tanto che ad oggi non esistono reattori di questo tipo operativi.

Gli unici impianti esistenti sono di tipo sperimentali in grado di sostenere la reazione di fusione nucleare per un tempo molto ridotto, attraverso il confinamento del plasma di fusione ad opera di campi magnetici di intensità elevatissima

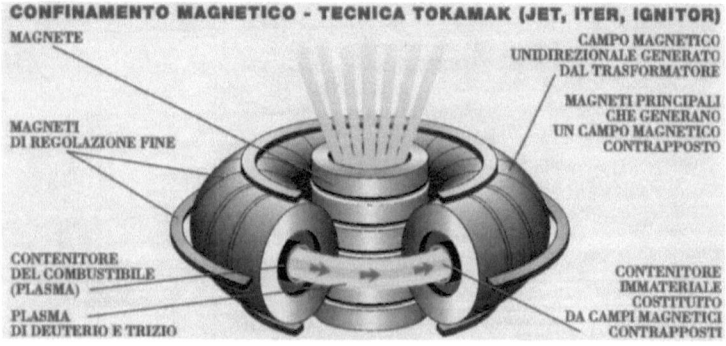

Si stima che i primi impianti potranno essere operativi solo intorno al 2050.

6.2 BOMBA AD IDROGENO (BOMBA H)

Un ordigno esplosivo che sfrutta il processo di fusione anziché quello di fissione, viene chiamato Bomba ad Idrogeno, o meglio Bomba H.

Il processo di fusione si lascia avvenire in maniera incontrollata con produzione di elevati valori di energia, pari circa a 2.500 volte a quella derivante da un analogo processo di fissione.

Il combustibile di una bomba H è costituito da Litio e Deuterio ed una piccola bomba a fissione viene usata per far avviare il processo di fusione.

Abbiamo già visto che una bomba a fissione necessita di un ordigno classico per la sua detonazione.

Quindi l'esplosione, attraverso il processo di fusione, avviene in sequenza: detonazione Tritolo (TNT), reazione di fissione, reazione di fusione.

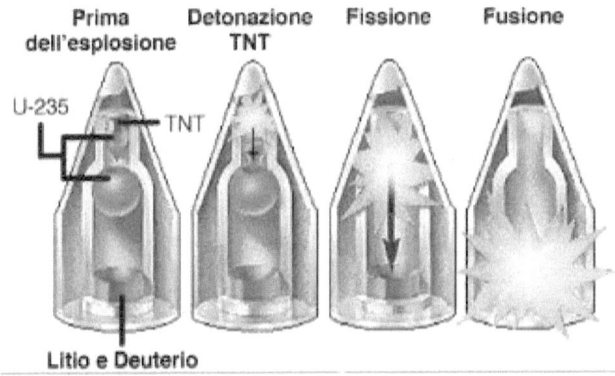

COMMONS.WIKIMEDIA.ORG
"L'opposto di una dichiarazione corretta è una dichiarazione falsa. Ma l'opposto di una verità profonda può ben essere un'altra verità profonda."

NIELS BOHR
https://www.frasicelebri.it/frasi-di/niels-bohr/

6.3 FUSIONE NUCLEARE NELLE STELLE

Abbiamo visto come il processo di fusione nucleare sia difficile da replicare nei reattori nucleari, per il problema di gestione degli elevati valori di temperatura che si generano durante il processo.

Nelle stelle, invece, come già avviene da millenni, i processi di fusione, una volta avviati dai tempi successivi al Big Bang, proseguono in modo spontaneo per la peculiare caratteristica esotermica delle reazioni.

I nuclei degli elementi a basso peso atomico si fondono per dare luogo a nuclei con peso atomico superiore, in un processo energeticamente autosostenuto.

I nuclei di idrogeno si fondono in nuclei di Elio, tra le tante, con le modalità viste nel paragrafo precedente.

Nel sole la fusione interessa una quantità di Idrogeno pari a circa 600 milioni di tonnellate al secondo.

La reazione continua attraverso la fusione dei nuclei di Elio per dar luogo ad un nucleo a numero atomico più elevato e quindi più pesante, e così via.

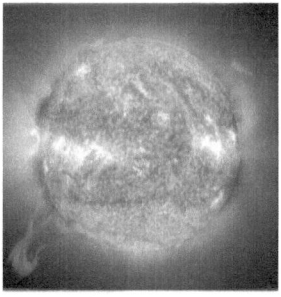

Nel corso del processo di fusione nucleare delle stelle, come si può evincere dalle *6.1.2* e successive, vengono emessi oltre che energia e radiazioni gamma anche neutrini e positroni.

Le radiazioni gamma conferiscono la luminosità alla stella, i positroni si annichiliscono con gli elettroni dello spazio circostante, per dar luogo ad altri fotoni, ed infine i neutrini proseguono il loro cammino indisturbato, in quanto neutri e di piccolissima massa.

Si pensi che il Sole emette neutrini, che raggiungono il pianeta Terra in 8 minuti, con una entità tale che ogni persona risulta investita di un numero pari a 10 miliardi di neutrini al secondo.

Il processo di fusione nelle stelle continua fino alla formazione di nuclei di Ferro – Nichel, dove la reazione inizia a diventare endotermica e non produce più energia di processo.

Se la stella non è abbastanza massiva, non riesce a generare elevati valori di pressione, per incrementare i livelli di temperatura necessari, e quindi si inizia a "spegnere", non potendo più sostenere energeticamente il processo di fusione.

Nel caso di stelle poco massive, come il Sole, che ha un'età di circa 4,6 miliardi di anni, il processo di fusione continua fino al punto che il combustibile rappresentato dalle riserve atte a "fondersi" di idrogeno e di elio, non si esauriscono.

Il termine "poco massivo" è da confrontarsi sempre con le altre stelle dell'universo, ricordando che la massa del sole è enormemente superiore a quella dei singoli pianeti, anzi il sole costituisce il 99,8% circa di tutta la massa del nostro sistema solare.

La massa del sole è pari a circa $1{,}989 \times 10^{30}$ kg mentre la massa della terra pari a circa $5{,}972 \times 10^{24}$ kg, da cui eseguendo il rapporto si ottiene che la massa della terra è pari allo 0,03% circa di quella solare.

Il sole non ha massa sufficiente per reggere la fusione di elementi più pesanti dell'elio (He), quindi nel momento che tale ultimo "combustibile" starà per esaurirsi, le forze di repulsione nucleari/elettromagnetiche prevarranno sulla gravità ed il sole inizierà ad espandersi lentamente fino a 20-100 volte il suo raggio attuale, così diventando una Gigante Rossa.

Nella fase di espansione la Gigante Rossa ingloberà tra l'altro tutti i pianeti del sistema solare, Terra compresa.

Niente preoccupazioni però: il combustibile nel sole si esaurirà tra circa 5 miliardi di anni.

Dopo aver espulso la parte più esterna la Gigante Rossa subirà il collasso del nucleo, fino a diventare una Nana Bianca, per poi spegnersi e diventare una Nana Bruna.

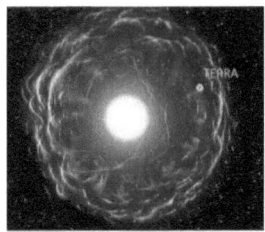

Nel caso, invece, di stelle più massive, almeno di 9 masse solari, la gravità prevale sulle forze repulsive e fa contrarre la stella, con aumento di pressioni e temperatura, in modo da riuscire a fondere gli strati più interni, almeno fino al ferro.

Al termine del combustibile disponibile, diversamente da quanto accade nel sole, nella stella massiva può succedere che la gravità tenda a concentrare la massa stellare, facendone diminuire il suo diametro, fino a farla implodere.

Il processo di implosione avviene in pochi secondi, producendo il liberarsi di onde d'urto che viaggiano ad una velocità di 30.000 Km/s, ovvero pari al 10% della velocità della luce nel vuoto, e provocano una esplosione degli strati superficiali della stella.

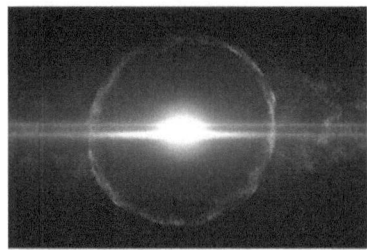

Tale processo di esplosione dura alcune settimane e genera emissione di energia e radiazioni elevatissime, di entità tale che per brevi periodi può superare la luminosità di una intera galassia.

E' bizzarro come proprio nell'ultimo periodo di vita, prima di spegnersi, questa stella diventa più luminosa e raggiante che mai.

In questa fase della sua esistenza, la stella, prende il nome di "supernova".

L'esplosione comporta altresì la diffusione nello spazio circostante di tutto il materiale di cui la stella ne era composta, tanto da poter affermare di essere tutti "figli delle stelle", almeno per composizione atomica.

A seguito dell'esplosione resta un nucleo stellare molto denso, che in funzione della massa residua diventa una stella Pulsar, se costituita da soli neutroni, Quasar se costituita da soli quark (particelle elementari costituenti i neutroni) o nel caso limite diventa una singolarità denominata Black Hole (Buco nero).

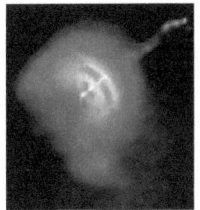  

PULSAR   QUASAR   BUCO NERO
(RICOSTRUZIONE GRAFICA)

Queste particolari entità astronomica, presentano una comune caratteristica di avere una elevata densità di massa, ovvero una enorme quantità di massa concentrata in un volume ridotto.

Un pianeta risulta costituito dai più ingombranti atomi (nucleo centrale ed elettroni orbitanti) rispetto ad un nucleo stellare denso costituiti da sole particelle elementari plasmate.

Ed è così che le Pulsar, ad esempio, costituite da soli neutroni sotto forma di plasma, presentano un volume enormemente inferiore di un pianeta, a parità di massa.

Questo è ovvio se si ricordano le considerazioni sulle dimensioni dell'atomo eseguite in precedenza, dove equiparando le dimensioni del nucleo ad un'arancia, l'elettrone sarebbe grande come un granello di sabbia ed il raggio dell'atomo pari ad 1,00 km.

Proviamo a ricavare un dato numerico qualitativo in merito alla maggior densità di massa di un nucleo stellare rispetto a quella di un pianeta.

Un primo risultato ci viene fornito rapportando il valore raggio atomico medio con il raggio del neutrone:

$$x = \frac{10^{-10}}{10^{-14}} = 10.000,00$$

Questo risultato indica che approssimativamente una stella di neutroni, a parità di massa, presenta un raggio 10.000 volte inferiore a quello di un equivalente pianeta.

In termini di massa considerando che il volume è funzione del raggio al cubo, possiamo ottenere che, a parità di dimensioni, una Pulsar, rispetto ad un pianeta "freddo", presenta un rapporto di massa pari a

$$y = \frac{(10^{-10})^3}{(10^{-14})^3} = 10^{12}$$

In definitiva una Pulsar presenta una massa pari a circa Mille miliardi di volte superiore e quella di un pianeta "freddo", avente stesso volume e quindi stesse dimensioni.

Questo enorme valore della massa, a volte, è tale da generare una contrazione gravitazionale della stella, incrementandone ulteriormente la densità di massa.

L'elevata massa concentrata in un piccolo volume può essere talmente elevata da configurare una singolarità, meglio conosciuta come Black Hole (Buco nero).

L'aggettivo "Nero" deriva dal fatto che nemmeno la luce riesce a sfuggire all'attrazione gravitazionale, tale da non renderlo visibile.

La presenza di buchi neri è stata accertata attraverso studi gravitazionali dell'universo ed in Aprile 2019 gli scienziati dell'EHT (Event Horizon Telescope) finanziato dalla Commissione Europea, con la partecipazione dell'Italia con l'Istituto Nazionale di Astrofisica (Inaf) e l'Istituto Nazionale di Fisica Nucleare (Infn), hanno dato annuncio della prima immagine della fascia più interna che avvolge un buco nero.

Il buco neo "fotografato" si trova al centro della galassia M87, nella costellazione della vergine, a 55 milioni di anni luce da noi, ed ha una massa stimata in 6.5 miliardi di volte quella del sole.

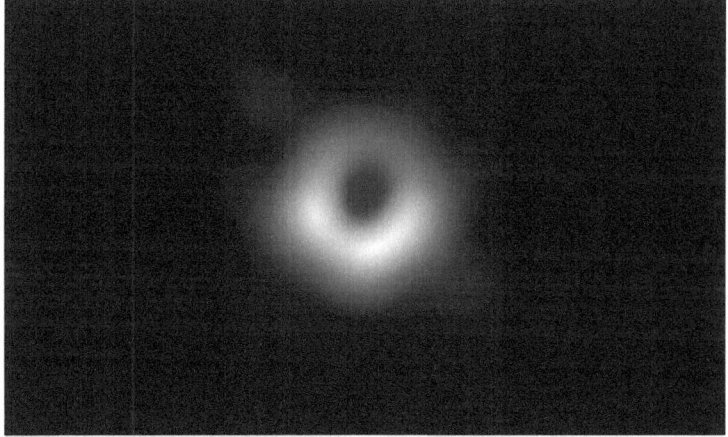

Secondo la teoria sulla relatività generale (vedi libro stesso autore "La meravigliosa teoria della Relatività Speciale e Generale – anno 2018") oggetti così massivi provocano altresì una dilatazione dei tempi.

Se riuscissimo, quindi, ad avvicinarci ad un Buco Nero il tempo scorrerebbe più lentamente ed al nostro rientro sulla Terra ci ritroveremmo catapultati nel futuro.

Purtroppo qualsiasi oggetto che si dovesse avvicinare ad un corpo così massimo subirebbe un processo di spaghettificazione, ovvero verrebbe attratto radialmente in maniera così forte da annullare la propria struttura fino a renderlo unidimensionale, proprio come uno spaghetto.

7 MATERIA E ANTI MATERIA

7.1 L'ANTIMATERIA

Alla fine degli anni '20, il non ancora trentenne Paul Dirac, impegnato nello studio della teoria quantistica alle alte energie, e quindi in regime relativistico, scoprì l'esistenza di una nuova particolare particella di carica opposta a quella dell'elettrone, che poi risulterà essere proprio una particella dell'antimateria.

Inizialmente Dirac ipotizzò che tale particella fosse un protone. Solo più tardi, nel 1932 Carl Anderson, un giovane fisico del California Institute of Technology, riuscì a fornire una evidenza concreta dell'esistenza dell'antimateria, e l'anno successivo Patrick Blackett e Giuseppe Occhialini completarono la scoperta, confermando la previsione teorica dell'esistenza di un'antiparticella dell'elettrone.

La scoperta di Anderson avvenne nel corso di un esperimento volto a studiare la natura dei Raggi Cosmici, ovvero del flusso di particelle provenienti dallo spazio che ad ogni istante colpisce il nostro pianeta.

I risultati furono ottenuti attraverso lo studio delle tracce lasciate da queste particelle nell'attraversamento di una camera a nebbia.

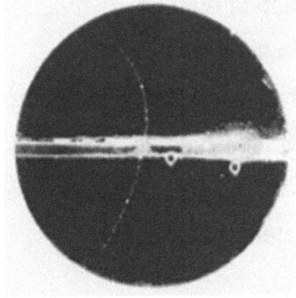

La camera a nebbia, oggi sostituita da sistemi tecnologicamente più evoluti, era un apparato costituito sostanzialmente da una camera piena di vapore, in cui il passaggio di una particella carica, per ionizzazione, viene visualizzato dall'apparire di una scia di bollicine, tipo la scia lasciata dagli aerei.

Tra tante tracce ordinarie, Andersen ne identificò una particolare, che corrispondeva al passaggio di una particella che deviava in senso opposto all'elettrone. Sulla base della deviazione subita la nuova particella doveva avere una carica elettrica opposta all'elettrone, che però non poteva essere, per dimensioni, un protone.

Tale particella risultò proprio essere l'anti-elettrone, che lui stesso denominò positrone, per la caratteristica di avere stessa massa dell'elettrone ma carica opposta.

Con quest'ultima scoperta, tutto ciò che occupa l'universo risulterà costituito da materia, anti-materia e vuoto, senza dimenticare che vigendo l'uguaglianza materia ed energia potremmo aggiungere, perché no, anti-materia e anti-energia.

La materia è costituita da particelle elementari, non ulteriormente divisibili, almeno rispetto alle conoscenze attuali.

L'anti-materia analogamente è costituita da anti-particelle.

L'esistenza dell'antimateria scaturisce dalla fondamentale proprietà di simmetria dell'esistente.

La presenza di materia nell'universo, implica l'esistenza di altro tipo di materia, speculare per alcune proprietà, che ne completa la simmetria.

Nei primi istanti di creazione dell'universo, subito dopo in Big Bang, venne creata in uguale proporzione Materia ed Antimateria, che coesistevano in un mare di radiazione elettromagnetica.

Negli istanti successivi, a seguito della rottura della simmetria generata, la natura ha privilegiato la materia, nell'ordine di pochi valori percentuali, tale da far pendere la bilancia verso la predominanza della materia nell'universo.

Non è da escludere però, considerato le limitate dimensioni dell'universo conosciuto, pari a circa il 4% dell'esistente, che vi sia abbondante antimateria che però non riusciamo a vedere e quantificare.

Per tale motivo si cerca di studiare i raggi cosmici, per mezzo di sonde spaziali atte ad eseguire rilevazioni che non possano essere influenzate dalle azioni perturbatrici dell'atmosfera terrestre, anche al fine di individuare nell'universo la naturale presenza, oltre del già noto positrone, di altre particelle di antimateria o meglio ancora, anti-atomi.

Ciò che certamente è noto ai giorni d'oggi è che per ogni particella elementare esiste la corrispondente antiparticella.

Per l'elettrone, ad esempio, esiste il suo antielettrone, chiamato positrone e^+, avente stessa massa e stessa carica, ma segno opposto.

Materia ed antimateria, particelle ed antiparticelle, hanno una particolarità unica: quando si incontrano svaniscono o meglio si annichiliscono.

Il processo di annichilazione si manifesta con la formazione di lampi di luce (fotoni), a seguito del contatto di una particella con la sua antiparticella.

Un elettrone nell'incontrare un positrone, si annichiliscono con l'emissione di due fotoni.

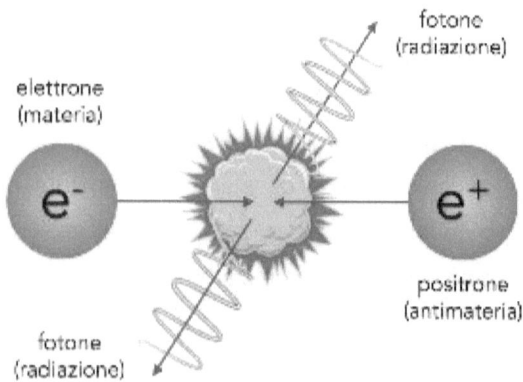

Pensate che noi stessi se incontrassimo il nostro anti-io, fatto di antimateria, spariremmo in un lampo di luce, anzi in due.

7.2 LE PARTICELLE ELEMENTARI

Una particella elementare è una particella non ulteriormente divisibile, almeno con riferimento alle conoscenze odierne.

Le particelle elementari possono essere classificate come appartenenti a due macro famiglie: particelle costituenti la materia e particelle portatrici delle forze.

Le particelle elementari costituenti la materia, vengono raggruppati nella famiglia dei FERMIONI, nome assegnato in onore del fisico italiano Enrico Fermi.

I fermioni interagiscono tra loro, non attraverso fantomatiche forze a distanza o campi di alcun genere, come previsto dalla meccanica classica, bensì attraverso delle particolari particelle portatrici di forze, prive di massa, raggruppate nella famiglia dei BOSONI.

Fermioni e Bosoni sono i costituenti di tutto l'universo conosciuto.

Una particella non elementare può avere un comportamento fermionico se costituita da un numero dispari di fermioni elementari (quark, elettrone,etc.), ovvero in maniera più generale se lo spin complessivo risulta comunque frazionario (1/2+1/2+1/2=3/2). L'eventuale presenza di bosoni nella costituzione di una particella composta (non elementare) non influenza il risultato frazionario dello spin, dato che lo spin dei bosoni è di tipo intero (0,1,..etc.). Possiamo dire che il comportamento fermionico di una particella composta è sempre indipendentemente dal numero di bosoni.

Una particella composta da un qualsiasi numero di bosoni (spin intero =0,1,..etc.) resta sempre e comunque un bosone, per la

caratteristica che la somma di numeri interi resta ancora un numero intero (1+1+1+1=4)
Nel seguito esamineremo distintamente le due famiglie di particelle elementari così individuate.

Relativamente alle particelle che presentano massa, si precisa che tale grandezza, dimensionalmente può essere espressa sia in Kg che, per l'equivalenza massa-energia formulata da Einstein ($E=mc^2$), in elettronvolt su velocità della luce nel vuoto al quadrato (eV/c^2). L'elettronvolt (eV) è una unità di misura alternativa per l'energia che vale $1{,}602176565 \cdot 10^{-19}$ Joule. Considerando che $1J = 1\ Kgm^2/s^2$ si ottiene

$$1\ eV = 1{,}602176565 \cdot 10^{-19} \frac{Kgm^2}{s^2}$$

Dividendo ambo i membri per la velocità della luce al quadrato $c^2 = [m^2/s^2]$ si ottiene

$$1\frac{eV}{c^2} = \frac{1{,}602176565 \cdot 10^{-19} \frac{Kgm^2}{s^2}}{\left(299.792.458\ \frac{m}{s}\right)^2} = 1{,}78 \cdot 10^{-36} Kg$$

ed infine la relazione di conversione

$$1\ Kg = 5.61 \cdot 10^{35} \frac{eV}{c^2}$$

A titolo di esempio, se una particella presenta una massa pari a $9{,}109 \times 10^{-31}$ kg, questa potrà essere espressa come $510.977{,}00\ eV/c^2$ o meglio come $511\ keV/c^2$ o infine come $0{,}511 MV/c^2$, avendo introdotto i prefissi kilo e mega.

Nel seguito si indicherà la massa della particella in maniera equivalente in Kg oppure in eV/c^2.

7.3 I FERMIONI DI I GENERAZIONE

Le particelle elementari di tipo fermionico, facendo riferimento per ora alla sola materia, che compongono l'universo sono: l'elettrone (e), neutrino (ν), Quark UP (u) e Quark DOWN (d).

Tutte le particelle fermioniche elementari e non, hanno la comune particolarità di avere valore di spin semi-intero (1/2, 3/2, 5/2...), di seguire la statistica di Fermi-Dirac e di obbedire al principio di esclusione del Pauli.

Esaminiamo nel dettaglio ciascuna delle particelle elementari costituenti la materia.

La prima particella fermionica che andremo ad esaminare è proprio "**l'elettrone (e)**", che se ricordate è la particella danzante nell'orbitale quantistico atomico.

L'elettrone ha carica negativa, pari a -$1.621 \cdot 10^{-19}$ *C*, se misurata in Colulomb. La stessa carica può essere indicata con $Q = -1$ considerando la carica dello stesso elettrone come carica di riferimento o meglio come carica elementare.

L'elettrone ha numero quantico di spin pari a $s=½$, come tutte le altre particelle elementari appartenenti alla famiglia dei fermioni. La sua massa è molto piccola: il suo peso risulta essere 1/1836 quello del più pesante protone ed in media gli elettroni costituiscono solo lo 0,06% circa, del peso di un atomo.

Tenuto conto della teoria sulla relatività ristretta, la massa a riposo di un elettrone è pari a circa $9,109 \times 10^{-31}$ kg.

Il raggio dell'elettrone è pari a circa 10^{-22} metri.

Proseguendo, in ordine così come riportate all'inizio del paragrafo, troviamo il **"neutrino (ν)"**, particella caratterizzata dall'avere una massa piccolissima, tanto che inizialmente si pensava non ne avesse.

Il nome "neutrino" nasce come diminutivo scherzoso del più grande neutrone.

La sua massa è da centomila a un milione di volte inferiore a quella dell'elettrone.

Essendo un fermione elementare il suo numero quantico di spin è pari a $s=½$.

La sua carica è neutra, $Q = 0$, quindi indifferente ai campi elettromagnetici, ed è proprio per tale motivo che è di difficile individuazione.

Abbiamo visto nei capitoli precedenti come esso viene generato nei processi di decadimento, specie a seguito dei processi di fusione nucleare nelle stelle, proseguendo indisturbato, per assenza di carica, il suo cammino alla velocità della luce.

In questo momento noi siamo investiti da un numero pari a 10 miliardi di neutrini al secondo, provenienti solo dal Sole in un tempo pari a 8 minuti.

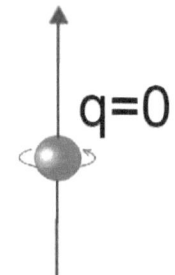

Elettroni e neutrini appartengono al gruppo dei **Lepton**i, termine derivante dal greco Lepto (sottile) proprio per indicare la loro leggerezza.

Proseguendo nella descrizione delle particelle elementari troviamo i **"quark up (u)"** e **"quark down (d)"**.

I quark up e down, indicati con le lettere u e d, rappresentano i componenti dei neutroni e dei protoni.

La massa del quark up varia tra valori da 3 a 8 volte la massa dell'elettrone. Il quark down ha massa con valori compresi tra un minimo di 8 ed un massimo di 16 volte la massa dell'elettrone.

In rapporto al protone, il quark up risulta avere una massa con valori compresi tra 1/200 e 1/600, ed il quark down tra 1/100 e 1/200.

La carica elettrica del quark è di tipo frazionaria.

La carica del quark up è pari a +2/3, mentre la carica del quark down è pari a -1/3.

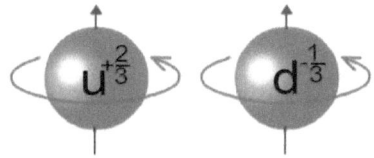

Il numero quantico di spin è anche in questo caso pari a ½.

Altra grandezza caratterizzante i quark è la "carica di colore" che meglio analizzeremo nel seguito quanto tratteremo i gluoni.

In natura i quark u e d, in natura, non si trovano in maniera isolati, ma come costituenti il neutrone ed il protone.

Un protone è costituito da due quark up ed un quark down, tale che la carica elettrica del protone costituito è pari a uno.

$$2\,Q_u + Q_d = Q_{protone} \Rightarrow 2\left(+\frac{2}{3}\right) - \frac{1}{3} = +1$$

Un neutrone, invece, è costituito da un quark up e due quark down, tale che la carica elettrica del neutrone così costituito è pari a zero.

$$Q_u + 2\,Q_d = Q_{protone} \Rightarrow \frac{2}{3} + 2\left(-\frac{1}{3}\right) = 0$$

7.4 LE GENERAZIONI SUCCESSIVE DEI FERMIONI

Le particelle sin qui esaminate appartengono alla prima generazione di fermioni, che costituiscono la parte di materia più stabile e che quindi normalmente e facilmente troviamo in natura.

In realtà, le generazioni di fermioni conosciute in totale sono pari a 3.

Le successive due generazioni hanno massa più elevata e di conseguenza anche energia; per tale motivo risultano più instabili e più soggette a veloce decadimento.

Infatti le particelle di II e III generazione vengono prodotte artificialmente negli scontri negli acceleratori o prodotte nello spazio e rilevate nei raggi cosmici; queste particella hanno vita breve, decadendo in pochissimo tempo in particelle della I generazione.

Con riferimento ai Leptoni (Elettrone e neutrino), di I generazione, troviamo come II generazione: **neutrino muonico** (ν_μ) e **muone** (µ), ed infine come III generazione: **neutrino tauonico** (ν_T) e **tauone** (τ).

Per quanto riguarda i Quark (quark up e quark down), di I generazione, troviamo come II generazione: **Quark charm (c)** e **Quark strange (s)**, ed infine come III generazione: **Quark top (t)** e **Quark bottom (b)**.

Le particelle elementari costituenti la materia sono quindi pari a 12, raggruppare in 3 generazioni e distinte in quark e leptoni, il tutto meglio esplicato dalla figura che segue.

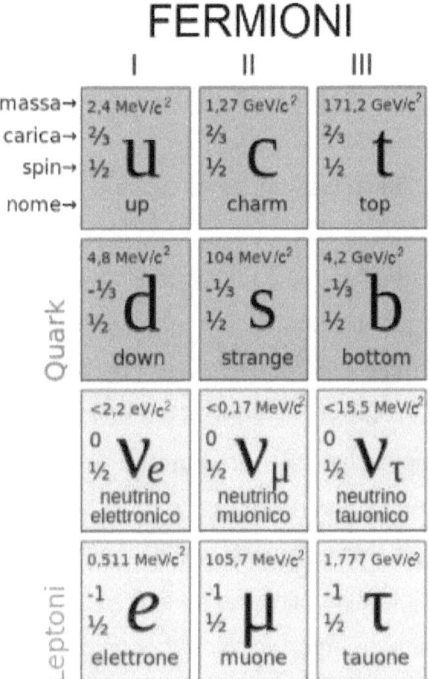

Per ogni particella elementare costituente la materia così individuata, esiste una corrispondente particella di antimateria, avente stessa denominazione con il prefisso anti, stessa massa e carica opposta.

In definitiva le particelle elementari di materia ed antimateria in totale sono pari a 24.

7.5 I BOSONI

I Bosoni sono particelle mediatrici di forza, obbedienti alla statistica di Bose-Einstein e sono caratterizzate dall'avere un valore di spin di tipo intero (0, 1, 2 ...).

I bosoni, a differenza dei fermioni, che devono obbedire al principio di esclusione del Pauli, sono liberi di occupare in gran numero uno stesso stato quantico (stesso livello energetico con tutti i numeri quantici uguali).

Come già detto in precedenza, particelle composte che contengono un numero di fermioni e/o bosoni tale che la somma di spin complessivo sia un numero intero, assumono un comportamento di tipo bosonico.

Invece, particelle composte da soli bosoni, avendo sempre spin complessivo intero, continuano ad essere sempre bosoni.

Le particelle elementari di tipo bosonico che compongono l'universo, vengono distinte in due tipi.

Nel primo tipo rientrano i bosoni di gauge, che sono bosoni vettoriali e come tali caratterizzati da verso, intensità e direzione.

Nel secondo tipo rientrano i bosoni di tipo scalare ovvero rappresentabili da una entità numerica.

I bosoni di gauge o vettoriali sono distinti in tre tipi: **fotone (γ)**, **gluone (g)**, e **bosoni** della forza debole (Z^0 e $W^\pm$).

Il bosone scalare è invece rappresentato dal più famoso **bosone di Higgs**.

Esaminiamo ciascuna delle particelle elementari portatrici di forza.

Il primo tra i bosoni di gauge, di tipo vettoriale, è il fotone, indicato con la lettera greca γ, che rappresenta un quanto di energia elettromagnetica, ed è il mediatore della forza elettromagnetica. La forza elettromagnetica costituisce una delle quattro interazioni fondamentali ad oggi conosciute.

Le quattro forze fondamentali note, sono così distinte: interazione elettromagnetica, interazione nucleare forte, interazione nucleare debole e interazione gravitazionale.

L'interazione elettromagnetica si manifesta per il tramite del fotone ed ha la caratteristica di avere un raggio d'azione infinito.

Il fotone è privo di massa, ha carica elettrica nulla, spin pari a 1, ed è di tipo stabile ovvero non decadendo spontaneamente ha vita media infinita.

Avendo il fotone sia massa che carica nulla, la sua antiparticella è rappresentata proprio dallo stesso fotone.

FOTONE

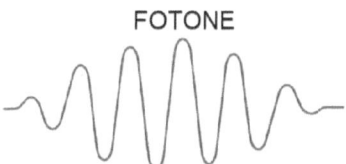

A seguire nell'elenco dei bosoni di gauge, troviamo il gluone, indicato con la lettera g.

Il gluone è il portatore dell'interazione nucleare forte che, analogamente al fotone, ha massa e carica elettrica nulla ed in quanto bosone elementare, valore di spin pari a 1.

L'interazione nucleare forte è caratterizzata dall'avere un raggio di azione ridottissimo, dell'ordine di $1,4 \cdot 10^{-15}$ m, ma una elevata intensità, da cui per l'appunto l'aggettivo forte.

Il termine gluone deriva dall'inglese "glue" (colla), data la caratteristica di tenere incollati alcune particelle elementari al fine di costituire particelle composte.

In particolare il gluone tiene incollati i quark, unendoli in triplette per la costituzione di neutroni e protoni.

Il protone, come già visto in precedenza, è composto da due quark up ed un quark down, tale da avere una carica totale pari a +1, tenuti insieme appunto da tre gluoni.

PROTONE

Nel neutrone, invece, troviamo un quark up e due quark down, tale da avere una carica totale pari a zero, tenuti insieme da tre gluoni.

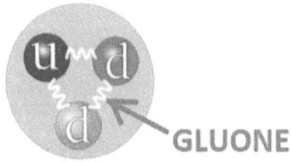

NEUTRONE

Nell'interazione dei gluoni, viene introdotta una ulteriore proprietà, che è la carica di colore.

La carica di colore non ha nulla a che vedere con i colori percepiti dall'occhio umano, ma è una caratteristica simile alla carica elettrica, meglio descritta in cromodinamica quantistica (QCD).

La carica di colore, ad esempio, è usata per descrivere convenzionalmente gli scambi energetici, tra gluoni e quark, ed è una caratteristica sia dei quark che dei gluoni.

I quark hanno solo una componente di colore, mentre rispettivamente gli anti-quark, nel caso dell'antimateria, una solo componente di anti-colore.

I gluoni, invece, hanno una mescolanza di due componenti di carica di colore: un colore ed un anti-colore.

Ciascuna componente di colore è chiamata R, G, B rispettivamente come le iniziali del nome dei tre colori fondamentali in lingua inglese: Red (rosso), Green (verde) e Blue (blu).

Rispettivamente le componenti di anti-colore saranno indicati con $\overline{R}$ (anti-rosso), $\overline{G}$ (anti-verde), $\overline{B}$ (anti-blu) e rappresentati con i colori ciano, magenta e giallo.

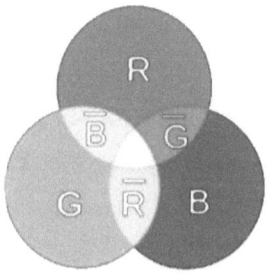

Nel corso dell'interazione con i quark, i gluoni, in considerazione della carica di colore posseduta, oltre a tenerli legati in quanto portatori della forza nucleare forte, diventano anche portatori di colore, scambiando così la carica di colore con i quark.

Nel protone e nel neutrone si verifica un continuo scambio di carica di colore, ad opera dei gluoni, sempre nel principio di conservazione della carica di colore totale, che resterà invariata. In analogia a quanto accade in meccanica classica, facendo ruotare il disco di Newton, succede che la sovrapposizione dei tre colori R, G, B darà luogo ad assenza di colore, ovvero il colore bianco.

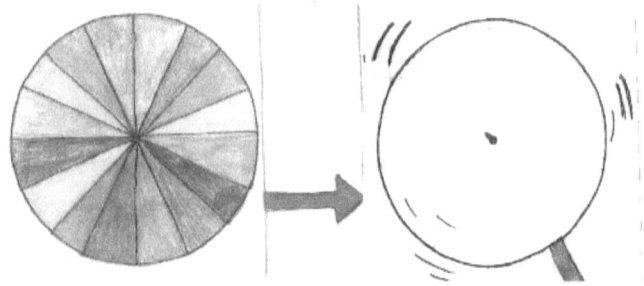

In definitiva questo implica che sia il protone che il neutrone, pur essendo costituiti da tre quark di colore R, G, B, globalmente appaiono non avere una carica di colore, ovvero appaiono di colore bianco, che in realtà è il risultato di una continua danza d'arcobaleno tra quark ad opera dei gluoni.

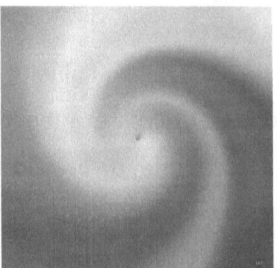

Proseguendo nell'esame delle ulteriori particelle appartenenti alla tipologia dei bosoni di gauge, troviamo i bosoni Z^0 e $W^\pm$, portatori della forza nucleare debole.

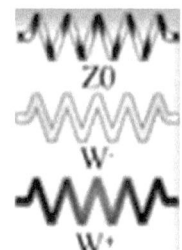

L'aggettivo debole è conseguenza dell'intensità di tale forza nucleare, pari a circa 100.000 volte inferiore all'interazione forte.

Il valore di spin, per entrambi i bosoni vettoriali, è pari ad un numero intero e nel caso specifico pari a 1.

I bosoni Z^0 e $W^\pm$, a differenza dei precedenti bosoni appartenenti alla stessa tipologia (fotone e gluone), sono massivi, con valori della massa rispettivamente pari a circa 80 e 90 GeV/c².

A causa della loro elevata massa questi bosoni hanno una breve vita media, pari a circa 3×10^{-24} secondi.

Mentre il bosone Z^0 ha carica nulla, il bosone $W^\pm$ può avere carica +1 o -1, per cui l'interazione mediata dal bosone Z^0 è detta "a corrente neutra" e l'interazione mediata dal bosone $W^\pm$ è detta "a corrente carica".

Nel corso dell'interazione a corrente carica (mediata dal bosone $W^\pm$), succede che una particella si trasforma (decade) in altre particelle con carica differente.

Ad esempio un elettrone, avente carica negativa, può emettere un Bosone W^- e diventare un neutrino, oppure può assorbire un bosone W^+ e trasformarsi comunque in un neutrino, come meglio nel seguito schematizzato.

$$e \Rightarrow W^- + \nu$$
$$e + W^+ \Rightarrow \nu$$

La forza debole, per il tramite dei bosoni Z⁰ e W±, è responsabile del fenomeno della radioattività ed in particolare del decadimento beta dei nuclei atomici ad esso associato.
Analizziamo, per meglio comprendere la presenza di detti bosoni, il processo di decadimento β⁻ di un neutrone, già precedentemente trattato con la radioattività

$$n \xrightarrow{decade\ in} p + e^- + \overline{v_e}$$

Esaminiamo nel dettaglio cosa succede a livello di particelle elementari, ovvero cosa accade all'interno del neutrone e del protone.

Il neutrone abbiamo visto essere costituito da due quark down ed un quark up, tenuti insieme dai gluoni.

Affinché un neutrone possa decadere in un protone è necessario che un quark down si trasformi in un quark up,

PROTONE   NEUTRONE

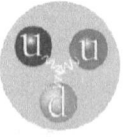
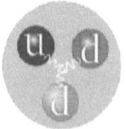

Considerato che il quark d ha carica ha carica *-1/3* ed il quark u ha carica *+2/3*, per bilanciare l'equazione sarà necessaria l'emissione di un bosone W⁻, che ha carica negativa pari a *-1*, in modo tale che -1/3 − (-1) = 2/3.

In termini di particelle elementari

$$d \xrightarrow{decade\ in} u + W^-$$

Il processo di decadimento del neutrone viene meglio illustrato graficamente come segue.

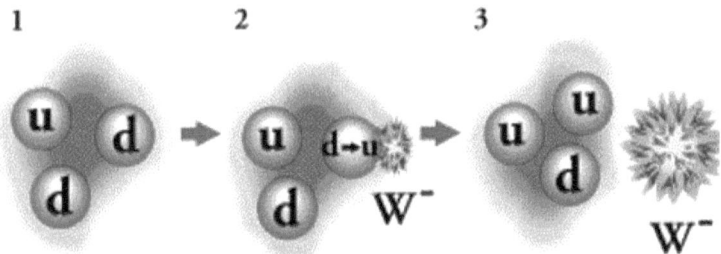

Il bosone W-, come detto in precedenza ha però vita breve e decade in un elettrone ed un anti-neutrino

$$W^- \xrightarrow{decade\ in} e^- + \overline{v_e}$$

protone

In definitiva la reazione di decadimento complessiva resta invariata rispetto a quanto visto nei paragrafi precedenti, ricordando però che la stessa reazione nasconde un decadimento intermedio con la presenza del bosone W.

$$n \xrightarrow{decade\ in} p + e^- + \overline{v_e}$$

A titolo di riepilogo la tabella che segue sintetizza la tipologia dei bosoni conosciuti, distinti in bosoni vettoriali o di gauge e bosoni scalari.

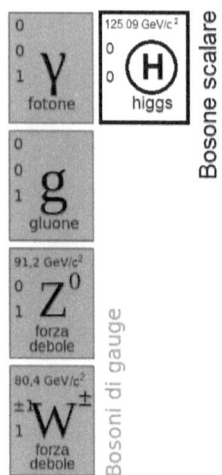

Il Bosone di Higgs, qualde bosone di tipo scalare, sarà opportunamente trattato nel paragrafo che segue.

COMMONS.WIKIMEDIA.ORG

"Quando si lavora su una teoria già chiara ma di cui bisogna definire i dettagli, conviene lavorare in gruppo. Ma se si è in un momento di svolta, meglio lavorare da soli."

PETER HIGGS
https://www.frasicelebri.it/frasi-di/peter-higgs/

7.6 IL BOSONE DI HIGGS

Il bosone di Higgs è un bosone di tipo scalare, molto massivo, con carica nulla, spin intero pari a zero; come il caso del fotone, la sua antiparticella è uguale alla sua stessa particella.

Questo bosone essendo di tipo scalare, a differenza di altri bosoni vettoriali, non è mediatore di forza bensì è mediatore di massa.

Per tale motivo il bosone di Higgs è il responsabile della massa di tutte le particelle elementari.

Il suo nome è stato assegnato in onore del fisico britannico **Peter Ware Higgs** che risolse teoricamente nel 1964 la problematica relativa alla provenienza della costituzione della massa nelle particelle elementari, introducendo  teoricamente, un campo scalare complesso ed una nuova particella: il campo ed il bosone di Higgs.

Il campo di Higgs è un campo scalare complesso che negli istanti  successivi al Big Bang, in termini di miliardesimo di secondo, ha permeato istantaneamente lo spazio.

In tali istanti, le particelle esistenti, originariamente prive di massa, interagirono con questo campo di tipo scalare, per mezzo della mediazione del "quanto" associato che è proprio il bosone di Higgs. Da tali interazioni però non nacquero forze di alcun tipo, ma si verificò un trasferimento di energia.

Per l'equivalenza massa-energia, il trasferimento di energia conferì massa inizialmente ai bosoni di gauge di tipo $W^{\pm}$ e Z^0, mentre il fotone ed il gluone rimasero senza massa.

Successivamente la massa venne conferita anche ai fermioni (quark e leptoni).

Il conferimento di massa a dette particelle elementari, ne provocò il loro rallentamento, in quanto, per la teoria della relatività ristretta, gli venne inibita la possibilità di poter continuare a viaggiare alla velocità della luce.

Il bosone così come previsto teoricamente trovò conferma sperimentale attraverso la sua osservazione nell'acceleratore di particelle LHC del CERN dagli Esperimenti ATLAS e CMS.

In un annuncio dato il 4 Luglio 2012, in una conferenza tenuta nell'auditorium del CERN, alla presenza di Peter Higgs, veniva annunciata la scoperta di una particella compatibile con il bosone di Higgs, la cui massa sperimentalmente risultava pari a circa 126,5 GeV/c^2 - 125,3 GeV/c^2.

Tale scoperta ha portato la comunità scientifica internazionale a conferire a Peter Higgs il premio Nobel per la Fisica nel 2013.

Il bosone di Higgs è noto anche come la "Particella di Dio", il quale nome deriva dal cambiamento da parte dell'editore, dell'originario soprannome di "particella maledetta" (Goddamn particle), del titolo di un libro di fisica divulgativa di Leon Lederman.

In merito a tale appellativo, Higgs ha dichiarato di non condividere questa espressione, trovandola potenzialmente offensiva nei confronti delle persone di fede religiosa.

COMMONS.WIKIMEDIA.ORG
"Io sono ateo, ma ho la spiacevole sensazione che giocare con nomi del genere potrebbe essere inutilmente offensivo per coloro che sono religiosi."
riferendosi a chi soprannominò 'Particella di Dio' la particella da lui ipotizzata

PETER HIGGS
https://www.frasicelebri.it/frasi-di/peter-higgs/

7.7 IL BOSONE GRAVITONE

Le particelle elementari ad oggi note e secondo la classificazione del modello standard sono riassunte nella tabella che segue:

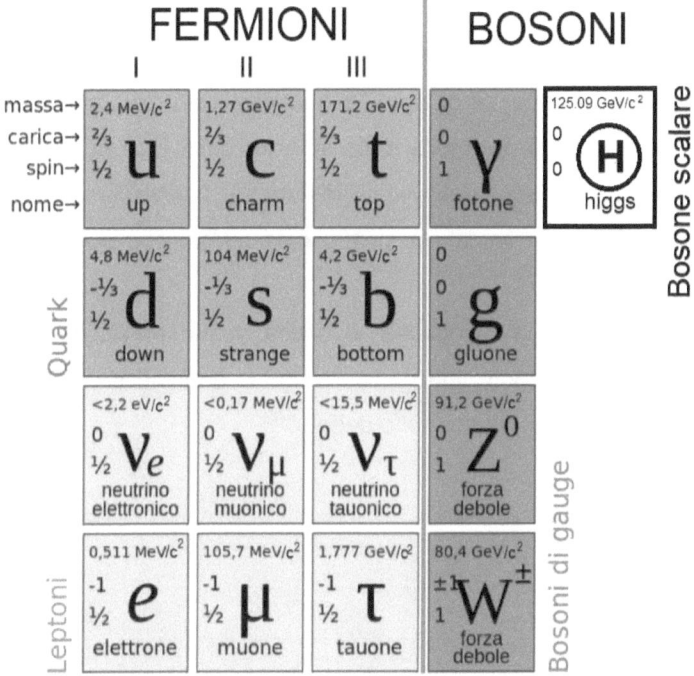

Resta fuori dalla precedente classificazione un ulteriore bosone denominato "gravitone", avente massa nulla, carica nulla, spin pari a 2 e raggio d'azione infinito.

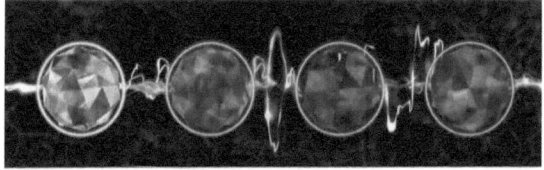

In realtà detto bosone gravitone ad oggi è solo un'ipotesi non avendo ancora avuto alcun riscontro sperimentale.

La sua ricerca si fonda sul tentativo di unire la teoria gravitazionale con la teoria della meccanica quantistica.

Infatti il gravitone dovrebbe essere responsabile della trasmissione della forza di gravità. Quindi il gravitone andrebbe a mediare la forza di gravità del tipo attrattiva tra due corpi posti a qualsiasi distanza, attraverso continui scambi nel limite dalla velocità della luce così come richiesto dalla teoria della relatività ristretta, diversamente da ciò che succede in fisica classica con la formazione del campo gravitazionale.

La problematica principale è insita nella rilevazione del gravitone, in quanto tale particella, qualora esistesse, avrebbe un livello di interazione molto debole.

8 ACCELERATORI DI PARTICELLE

Le particelle elementari, e non solo, si possono osservare attraverso i raggi cosmici (impropriamente detti "raggi") provenienti dall'universo e diretti sulla superficie terrestre.
L'universo in tal senso è una fucina di particelle elementari.

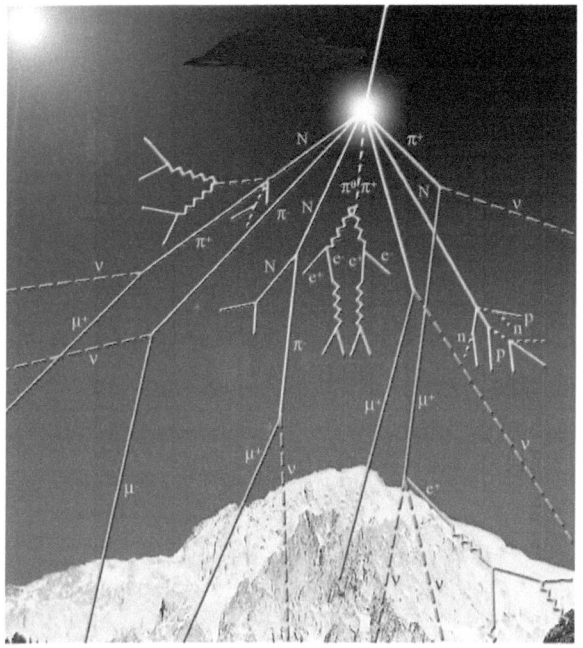

Il limite di osservazione dei raggi cosmici è dato dall'interazione delle particelle costituenti con gli strati dell'atmosfera terrestre, ecco perché si cerca di studiare detti raggi cosmici oltre l'atmosfera terrestre con l'invio di opportune sonde spaziali.

Esiste un altro modo di ricercare artificialmente le particelle elementari.

A tale scopo è necessario però creare valori di energia elevati, al fine di simulare quanto avviene nell'universo e nei raggi cosmici.

E' possibile creare elevati valori di energia cinetica, intervenendo sulla velocità delle particelle, accelerandole in appositi "acceleratori" sia di tipo circolare che lineari.

In un acceleratore lineare (LINAC) le particelle sono accelerate lungo un percorso rettilineo contro un bersaglio fisso. Gli acceleratori lineari sono molto comuni, per esempio un tubo a raggi catodici è un acceleratore lineare di elettroni. Questi acceleratori sono usati anche per fornire l'energia iniziale alle particelle che saranno poi immesse in acceleratori circolari più potenti. L'acceleratore lineare più lungo al mondo è lo Stanford Linear Accelerator, che è lungo 3 chilometri.

Gli acceleratori circolari hanno una forma toroidale.

In tali acceleratori, confinando opportunamente le particelle originarie immesse con campi elettromagnetici, grazie alla possibilità di un moto periodico, è possibile ottenere elevati velocità procedendo ad una accelerazione continua.

Dopo che le particelle acquisiscono velocità e quindi energia opportune si procede a provocare il loro scontro.

Da detto scontro di particelle altamente energetiche, succede qualcosa di strano: per l'equivalenza massa-energia le particelle si trasformano in altro tipo di particelle.

E' come se facendo scontrare 2 pere ad elevate velocità, queste danno luogo ad una banana, una mela ed una arancia.

Solo che, non è così semplice leggere i risultati all'interno di un acceleratore di particelle; infatti a seguito degli scontri tra particelle così altamente energetiche, ricavare informazioni utili dai risultati è come rimettere insieme i pezzi di un oggetto lanciato da un grattacielo.

Il più grande acceleratore esistente al modo è il LHC (large hadron collider) costruito all'interno di un tunnel sotterraneo di forma circolare, lungo 27 km, posto a 100 m di profondità in media, situato al confine tra la Francia e la Svizzera, presso il CERN di Ginevra.

Questo acceleratore può accelerare adroni, che sono particelle subatomiche non elementari costituiti da quark anche associati ad antiquark, quali ad esempio protoni e ioni pesanti.

Riesce a far raggiungere a dette particelle una velocità pari a fino al 99,9999991% della velocità della luce e farli successivamente scontrare, con un'energia che a maggio 2015 ha raggiunto i

13 teraelettronvolt (TeV), molto vicina al limite teorico della macchina di 14 TeV.

La macchina opera in condizioni di vuoto, accelerando, attraverso oltre 1.600 magneti superconduttori che realizzano un campo magnetico di circa 8 Tesla, necessario a mantenere in orbita all'energia prevista due fasci di particelle che circolano in direzioni opposte.

La collisione si lascia avvenire in opportuni rilevatori, denominati detector, dove si procede all'osservazione post scontro.

I detector sono composti da diversi strati cilindrici concentrici atti ad osservare sia particelle cariche che neutre, e sia particelle massive che senza massa, attraverso rilevatori di carica, calorimetri per la misura dell'energia delle particelle, spettrometri e sistemi di magneti.

Le uniche particelle che non possono essere rilevate sono i neutrini, per la loro caratteristica di avere una massa di ridottissime dimensioni associata all'assenza di carica elettrica.

Un tempo le tracce delle particelle generate a seguito della collisione venivano osservate in apposite camere a bolle, ideata e realizzata per la prima volta dal fisico e neurobiologo statunitense Donald Arthur Glaser nel 1952, la quale scoperta gli valse il premio Nobel per la fisica nel 1960.

La camera a bolle rappresentava un'evoluzione della più antica camera a nebbia, quale strumento di rivelazione di particelle elementari ideato dal fisico britannico Charles Thomson Rees Wilson nel 1899 e successivamente perfezionata nel 1912.

La camera a nebbia consiste in una scatola a tenuta ermetica che contiene aria soprassatura di vapore acqueo che al passaggio di una qualsiasi particella carica elettricamente provoca la ionizzazione degli atomi con i quali si scontra, creando di conseguenza, lungo il proprio tragitto, una scia di atomi ionizzati attorno ai quali il vapore soprassaturo si raccoglie a formare minuscole goccioline.

La traccia lasciata dalla traiettoria percorsa della particella può essere fotografata attraverso una parete trasparente della scatola e da questa si può risalire, con particolari accorgimenti, alla determinazione delle caratteristiche e della natura della particella.

La camera a bolle, invece, è costituita da un recipiente metallico cilindrico contenente un liquido surriscaldato e compresso, quindi in condizione metastabile.

In tal caso, una particella veloce e carica che attraversa il recipiente ionizza gli atomi del liquido e nello stesso tempo rallenta la propria corsa, perdendo energia a seguito degli urti.

Lungo il percorso della particella si creano ioni positivi e negativi attorno a cui il liquido inizia a bollire, lasciando quindi traccia del passaggio.

Scattando diverse foto da angolazioni differenti, si ottiene una ricostruzione stereoscopica spaziale delle tracce.

Essendo la camera a bolle costituita da liquido, quindi a densità maggiore della camera a nebbia, si ottiene una maggiore ionizzazione con conseguente migliore definizione delle tracce e nello stesso tempo una migliore azione frenante utile per l'osservazione di particelle leggere o a bassa energia.

Diversi tipi di camere a nebbia o a bolle vengono ad oggi ancora realizzate per utilizzo didattico in considerazione delle suggestive immagini che si possono ottenere.

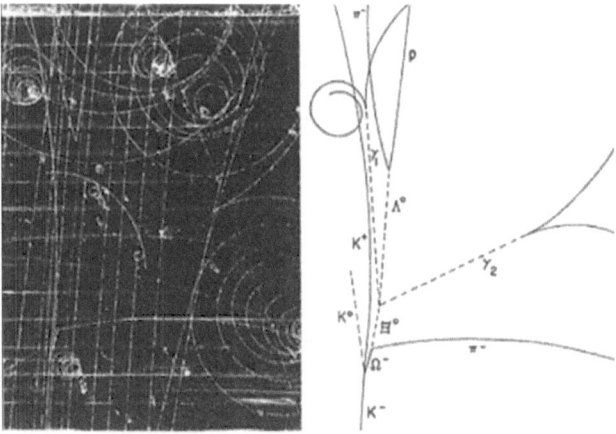

Diversamente per scopi professionali oggi le particelle vengono rilevate con appositi superconduttori e le tracce ricostruite in maniera digitale.

ALTRE PUBBLICAZIONI AUTORE

LA MERAVIGLIOSA TEORIA DELLA RELATIVITA' RISTRETTA E GENERALE
Deve aver fatto un salto l'astronomo inglese Sir Arthur Eddington quando, il 29 maggio del 1919, intento ad osservare un'eclissi totale di sole, ha scoperto che quell'uomo, che quattro anni prima aveva pubblicato la controversa teoria della Relatività Generale, aveva ragione.
Albert Einstein uno dei più celebri fisici della storia, il cui percorso di grande scienziato era iniziato nel 1905 quando, da semisconosciuto impiegato dell'ufficio brevetti di Berna, pubblicò i suoi due primi articoli sulla Relatività Ristretta.
E' senza troppe pretese scientifiche che mi accingo a introdurre il lettore verso la Teoria della Relatività Ristretta e Generale che è il tema del presente lavoro il quale tuttavia non potrà essere colto pienamente senza almeno le fondamentali competenze matematiche e fisiche che si apprendono in un liceo.
Con un approccio innovativo rispetto a molti altri trattati divulgativi sull'argomento, che spesso trascurano gli aspetti matematici indispensabili per una corretta comprensione del fenomeno, cercherò di trattare i temi, in modo da far comprendere principalmente i concetti, attraverso rigorose dimostrazioni matematiche o con l'ausilio di grafici e diagrammi.
Ho dedicato particolare attenzione al pensiero di Relatività già presente nelle osservazioni di Galileo e ho esposto i fondamentali lavori di James Clerk Maxwell, Albert Abraham Michelson, Edward Morley, ed Hendrik Antoon Lorentz per giungere all'idea assolutamente innovativa postulata dalla Teoria della Relatività Ristretta.
Una volta immersi nella nuova Teoria, nel secondo capitolo, ho approfondito analiticamente i concetti sulla dilatazione dei tempi e la contrazione delle distanze fino alla soluzione dei sempre affascinanti paradossi.
Successivamente il presente lavoro si sofferma sulle dualità massa-energia (E=mc2) e massa gravitazionale-massa inerziale.
Non mancano gli "esperimenti mentali" e l'utilizzo del diagramma del Minkowsky allo scopo di far meglio comprendere gli effetti della teoria.
Nella trattazione sulla Relatività Generale si affronteranno i temi della curvatura dello spazio-tempo a quattro dimensioni, la geometria di Riemann, l'utilizzo dei Tensori, l'esposizione delle famose Equazioni di Campo di Einstein, il Redshift gravitazionale, la Deflessione della Luce, la Precessione del Perielio di Mercurio e le Onde Gravitazionali.
Concludendo non si può dimenticare che Albert Einstein, oltre ad essere stato un celebre fisico, fu molto attivo in diversi campi della cultura diventando uno dei più importanti pensatori del secolo scorso per cui i più citati e curiosi aforismi dell'illustre scienziato sono stati riportati come intermezzo tra i capitoli e paragrafi.
La presente stesura risulta arricchita rispetto alla precedente della trattazione quantitativa sulla geometria di Riemann, sulla trattazione della geodetica nello spazio-tempo deformato dal campo gravitazionale e sulla comprensione dei Tensori, a seguito dei suggerimenti e degli scambi di opinioni con il dott. Francis Ferrara degli Stati Uniti, già correttore di bozze di libri scientifici per la casa editrice "The American Institute of Physics"
Ringrazio tutti coloro che mi sono stati vicini durante la stesura della presente trattazione e con la speranza di aver impostato il lavoro in modo che possa essere utile a tutti quelli che si approcciano allo studio dell'affascinante Teoria della Relatività sono grato sin d'ora a chi vorrà proporre migliorie o eventuali suggerimenti.

THE MARVELOUS THEORY OF SPECIAL AND GENERAL RELATIVITY

On May 29, 1919, the English astronomer Sir Arthur Eddington must have jumped when, while observing a total eclipse of the sun, discovered that the man, who four years earlier had published the controversial theory of General Relativity, had been right.

We are talking about one of the most famous physicists of history: Albert Einstein. His career as a great scientist had begun in 1905 when, by a half-known employee of the patent office in Bern as he was, he published his first two articles regarding the Special Relativity.

I am going to introduce the reader to the restricted and general Theory, which is the theme of this work, without too many scientific claims. However this topic can not be fully grasped without the mathematical and physical bases gained in high school.

I will try to explain the restricted and general Theory with an innovative approach, different from many other educational treatises, which often neglect the mathematical aspects necessary for a correct understanding of this subject. On the contrary I am going to teach this topic through rigorous mathematical demonstrations, graphs and diagrams.

After a brief but indispensable historical and biographical introduction on Albert Einstein, I have paid particular attention to the idea of Relativity, already present in Galileo's observations. Furthermore I have exposed the main works of James Clerk Maxwell, Albert Abraham Michelson, Edward Morley, and Hendrik Antoon Lorentz in order to reach the absolutely innovative idea postulated by the Theory of Special Relativity. Once immersed in this new theory, in the second chapter I analyzed the concepts about the times dilation and the distances contraction from an analytical point of view concluding with a solution to this fascinating paradoxes. Subsequently, the present work focuses on the duality between mass-energy ($E = mc2$) and gravitational mass-inertial mass. In order to a better understanding of the theory effects there are references to "mental experiments" and Minkowsky' s diagram.

The themes of the four-dimensional space-time curvature, the exposure of the famous Einstein Field Equations, the Gravitational Redshift, the Deflection of Light, the Precession of Mercury Perihelion and the Gravitational Waves will be addressed in the discussion of General Relativity.

In conclusion, we can't forget that Albert Einstein, besides being a famous physicist, was very active in various cultural fields, therefore becoming one of the most important thinkers of the last century. For this reason I chose to quote his most and curious aphorisms interluding them between chapters and paragraphs.

I'm thankful to all the people who have supported me while writing of this book; as well as to whoever should like to propose any improvements or suggestions with the hope that my work can be useful to all those who are approaching the study of the fascinating Theory of Relativity.

APPUNTI AUTORE

Vengono di seguito riportati alcuni appunti realizzati ed utilizzati per un corso sulla Fisica quantistica, che ho tenuto nell'anno 2017 presso l'istituto di istruzione superiore Bonghi-Rosmini di Lucera (Fg), presso il quale insegno matematica e fisica.

Nasce proprio da questi appunti, l'idea di trasformarli in un libro.

① STORIA ATOMICA
CAP

N.B. LA FISICA QUANTISTICA È VALIDA SOLO PER DIMENSIONI PARAGONABILI ALLA $h = 6,6 \cdot 10^{-34}\, J \cdot s$

1500-500 a.C. India ⟨ FUOCO (ABIOGENTRONO) / TERRA / ARIA / ACQUA ⟩ Particelle di materia

+ ETERE → no materia

400 A.C. GRECIA → ATOMO particelle indivisibili
+ VUOTO luogo dove si muovono gli atomi
ETERNITÀ
→ NASCITA
→ MORTE
→ RINASCITA

ARISTOTELE → NEGÒ ESISTENZA ATOMO+VUOTO
↓
MATERIA DIVISIBILE all' INFINITO
+
ENTE DIVINO CREATORE

MEDIOEVO → BUIO FILOSOFIA ATOMISTICA (ALCHIMIA!!)

1° CONCETTO SCIENTIFICO DI ATOMO "JOHN DALTON"
SCOMPOSE L'ACQUA IN H e O E ANALIZZÒ LE PROPORZIONI.

↓
AVOGADRO ($PV = nRT$) A PARITÀ DI VOLUME, PRESSIONE E TEMPERATURA ... STESSO N° DI ATOMI
↓
Quindi pesando i Volumi
determinare le masse atomiche

Mendeleev → Dispose elementi in ordine di massa crescente e in periodi.
TAVOLA PERIODICA

MA ELETTRONI... NON ANCORA SCOPERTI!!

② CAP | FISICA ATOMICA |

|800|

COULOMB   MAXWELL   MOVIMENTO DI CARICHE NEL VUOTO
↓   ↓
CAMPI ELETTROSTATICI   CAMPI ELETTROMAGNETICI
ATTRAZIONE CARICHE OPPOSTE   PROPAG. ONDE RADIO ? PROPAGAVANO COME ONDE ELETTR.
REPULSIONE " " UGUALI   LUCE

NON SI CONOSCEVANO I MECCANISMI DI
NASCITA DELLE CARICHE ELETTRICHE

INGLESE JOSEPH THOMSON

CORR. ELETT. ALTO VOLTAGGIO
TUBO
CATODO (-)   VUOTO   ANODO (+)
GAS
FLUORESCENTE DI RAGGI CATODICI

1)

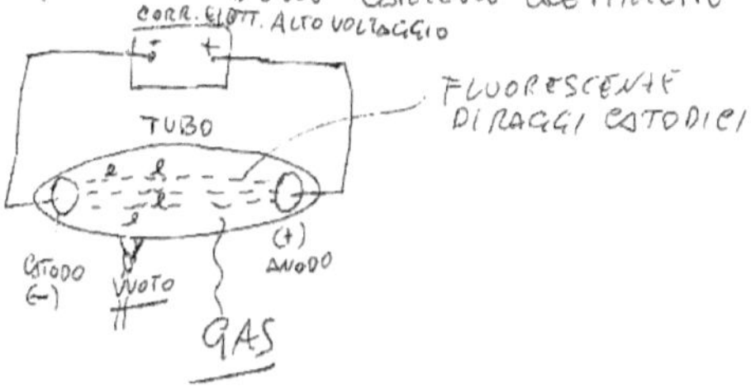

2) Applicando un campo magnetico o elettrico i raggi venivano deviati.

Quindi i raggi catodici erano costituiti da particelle "+" piccole cariche (-)

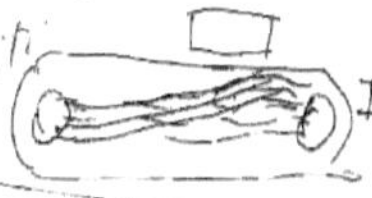

Dall'entità della deviazione si misura il rapp. $\frac{q}{m}$

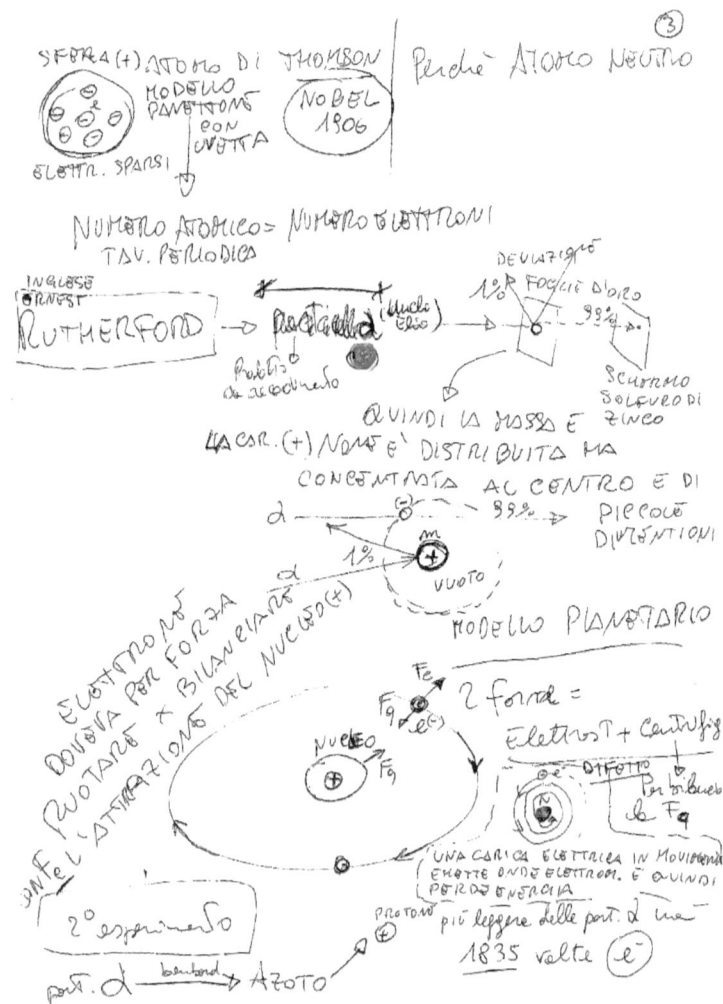

STUDI PARALLELI
PLANCK, EINSTEIN (1900 / 1905) TEORIA QUANTISTICA   4

$E = h \cdot \nu$ ENERGIA NON
     est freq.   CONTINUA MA
   Energia radiazione   DISCRETA "QUANTIZZATA"
        elettromagnetica

Radiaz. elettrom. → particelle energetiche senza Massa
                                    ↓
                                 FOTONI

         $E = mc^2$ Massa ⇔ Energia

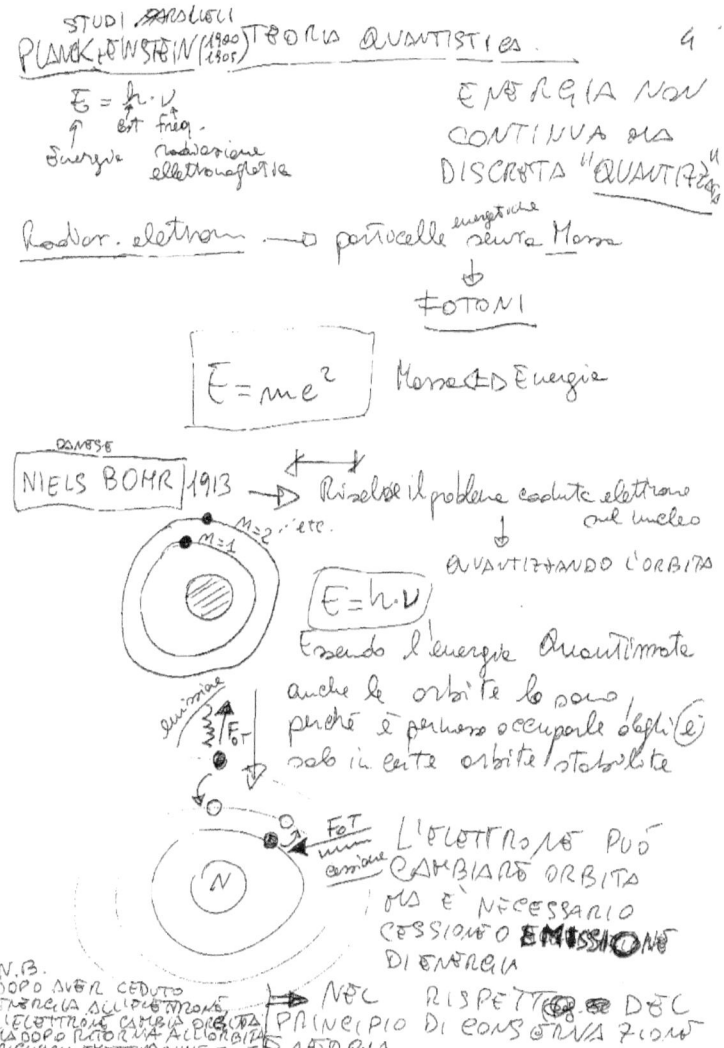

DANESE
NIELS BOHR 1913 → Risolve il problema caduta elettrone
                                             sul nucleo
                                    ↓
                          QUANTIZZANDO L'ORBITA

$E = h \cdot \nu$

Essendo l'energia Quantizzata
anche le orbite lo sono,
perché è permesso occuparle dagli (e)
solo in certe orbite stabilite

L'ELETTRONE PUÒ
CAMBIARE ORBITA
MA È NECESSARIO
CESSIONE O EMISSIONE
DI ENERGIA

N.B.
DOPO AVER CEDUTO
ENERGIA ALL'ELETTRONE,   NEL RISPETTO DEL
L'ELETTRONE CAMBIA ORBITA   PRINCIPIO DI CONSERVAZIONE
E DOPO RITORNA ALL'ORBITA
ORIGINARIA, EMETTENDO UN FOTONE   D'ENERGIA.

ESEMPIO

ATOMI DI GAS → RADIAZIONE ELETTROMAGNETICA

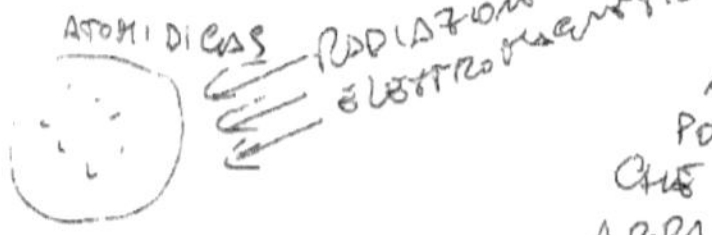

AFFINCHÉ LA RADIAZIONE POSSA INCIDERE È NECESSARIO CHE IL FOTONE ABBIA ENERGIA ABBASTANZA E QUESTO DIPENDE

$$E = h \cdot \nu$$

DALLA SUA FREQUENZA, ALTRIMENTI LA RADIAZIONE PASSA INDISTURBATA

SE INVECE L'ENERGIA DEL FOTONE É SUFFICIENTE, ECCITA L'ATOMO (PORTA L'ELETTRONE IN UNO STATO ENERGETICO SUPERIORE - ORBITALE)

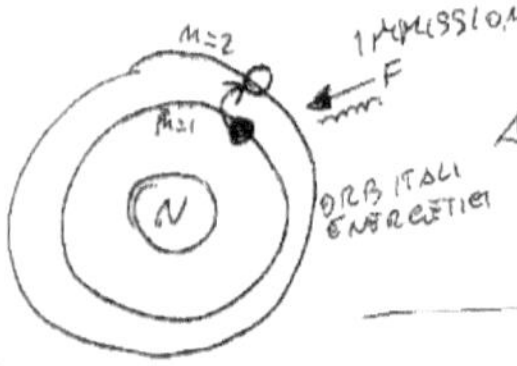

ATOMO ECCITATO
↓
INSTABILE

↓
DOPO UN MILIARDESIMO DI SECONDO

L'ATOMO EMETTE UN FOTONE E L'ELETTR. RIENTRA NELLO STATO STABILE.

SE INVECE E_{FOTONE} É MOLTO MAGGIORE DELL'ENERGIA CHE LEGA L'ELETTRONE ALL'ATOMO
↓
ELETTRONE ESCE DALL'ATOMO

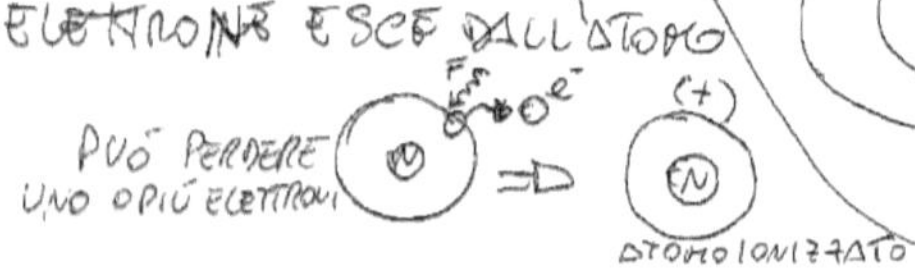

PUÒ PERDERE UNO O PIÙ ELETTRONI

ATOMO IONIZZATO

NEL SOLE E NELLE STELLE (ALTISSIME TEMPERATURE) ABBIAMO NUCLEI SENZA ELETTRONI, ED ELETTRONI VAGANTI LIBERI... IL TUTTO FORMA IL "PLASMA"

ATOMO DI BOHR .... PERFEZIONATO

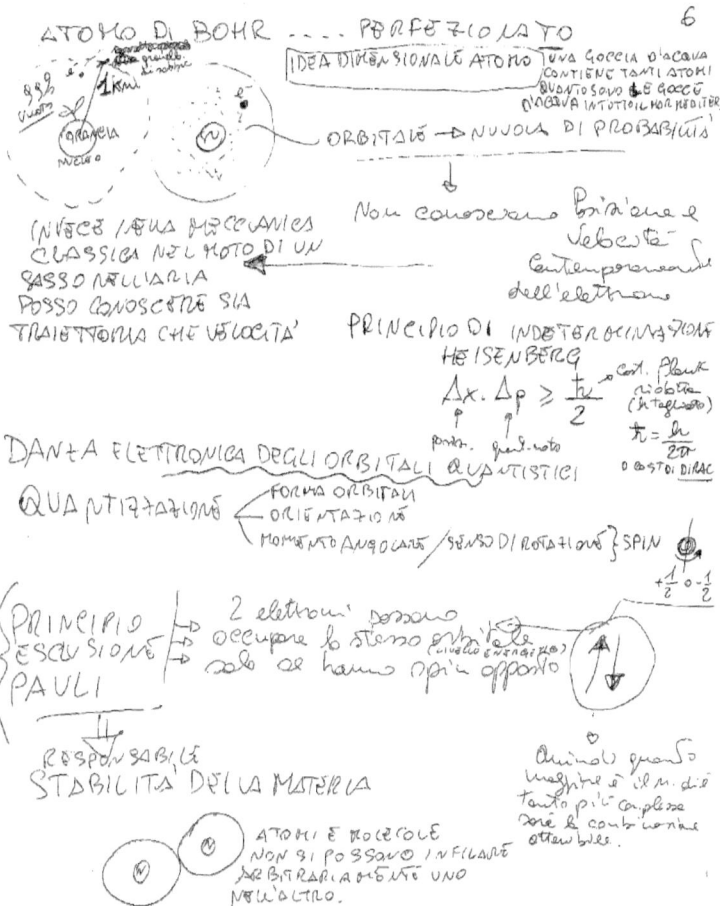

IDEA TRIDIMENSIONALE ATOMO — UNA GOCCIA D'ACQUA CONTIENE TANTI ATOMI QUANTO SONO LE GOCCE D'ACQUA IN TUTTI IL MAR MEDITER

ORBITALE → NUVOLA DI PROBABILITÀ

INVECE NELLA MECCANICA CLASSICA NEL MOTO DI UN SASSO NELL'ARIA POSSO CONOSCERE SIA TRAIETTORIA CHE VELOCITÀ

Non conosciamo posizione e velocità contemporaneamente dell'elettrone

PRINCIPIO DI INDETERMINAZIONE HEISENBERG

$$\Delta x \cdot \Delta p \geq \frac{\hbar}{2}$$

Cost. Planck ridotta (h tagliato)

$$\hbar = \frac{h}{2\pi}$$

O COSTO DIRAC

DANZA ELETTRONICA DEGLI ORBITALI QUANTISTICI

QUANTIZZAZIONE — FORMA ORBITALI
— ORIENTAZIONE
— MOMENTO ANGOLARE / SENSO DI ROTAZIONE } SPIN

$+\frac{1}{2}$ 0 $-\frac{1}{2}$

PRINCIPIO ESCLUSIONE PAULI — 2 elettroni possono occupare lo stesso orbitale (livello energetico) solo se hanno spin opposto

↑
↓

RESPONSABILE STABILITÀ DELLA MATERIA

ATOMI E MOLECOLE NON SI POSSONO INFILARE ARBITRARIAMENTE UNO NELL'ALTRO.

Quindi quanto magica è il n.di tanto più complesso sono le combinazioni ottenibili.

Posizione elettrone $\Psi_{(x,t)}$ Funzione d'onda
↓
Ampiezza di probabilità

$|\Psi_{(x,t)}|^2$ DENSITA' DI PROBABILITA'

~~PRINCIPIO DI SOVRAPPOSIZIONE~~
SOVRAPPOSIZIONE DI STATI
UN ELETTRONE ESISTE IN OGNI LUOGO (DIVERSI LUOGHI)

FINO A CHE ~~NON~~ SI OSSERVA E SI HA IL COLLASSO DELLA Ψ E QUINDI LO STATO DIVENTA CERTO.

1) GATTO DI SCHRODINGER

Dopo aver aperto (misura) siamo certi per collasso della Ψ

VIVO O MORTO?

STATI SOVRAPPOSTI DI VIVO E MORTO.

2) ESPERIMENTO DOPPIA FENDITURA
DUALITA' ONDA-PARTICELLA FOTONE

SE MISURIAMO L'INTERFERENZA NON APPARE →

1) YOUNG condotto con la LUCE poi successivamente anche con un unico fotone.

PRINCIPIO DI DUALITA' (ONDA-PARTICELLA)

2) Succ. condotto con fotone o elettrone singoli

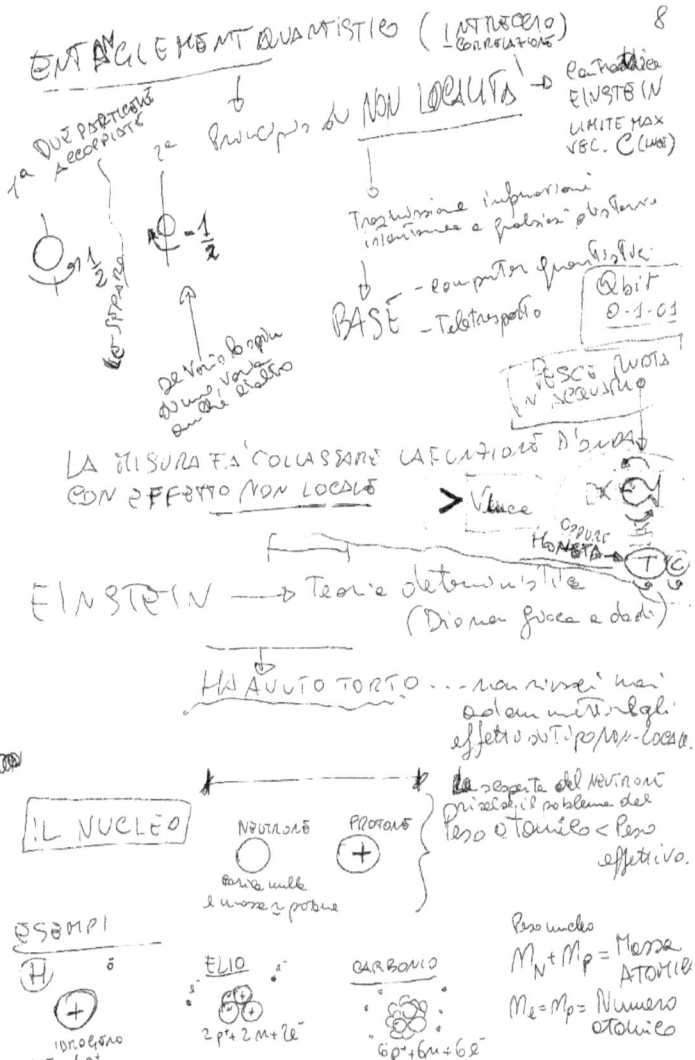

Uno stesso elemento chimico può avere stesso numero atomico [N_p] ma differente massa atomica (a quindi dei Neutroni) → ISOTOPI

H ISOTOPI
²H DEUTERIO   ³H TRIZIO
(NP) •e⁻   (N²P) •e⁻
1n+1p   2n+1p

H ⊙ •e⁻

→ BASE STUDIO RADIOATTIVITÀ

Legame chimico → Per interazione degli elettroni più esterni (elettroni di valenza)

Se un atomo perde o guadagna un elettrone = IONE
                                              pos
                                              neg

TAVOLA PERIODICA → scoperta MENDELEEV
                   perfezionata MOSELEY

STESSO NUM. ELETTR. VALENZA | RIGHE ORIZ. → PERIODI
                            | STESSO NUMERO DI ORBITALI CON
                            | AUMENTO DA SX A DX DI ELETTRONI
Proprietà | STESSE
perdono elettroni I⁺ | COLONNE → dx acquistano elettroni
                SX | dx I⁻
                            SX ─────────→ dx Num. ATOM
                                          crescente

LEGAME TRA ATOMI   (••el el••) (Cl₂) (• •/H H)
                   COVALENTE   (•/•)
COVALENTE → CONDIVISIONE DI ELETTRONI (H₂O)
IONICO → DONARE O ACQUISIRE gli ELETTRONI DA ALTRI ATOMI
         × ALTA AFFINITÀ ELETTRONICA
         (Na)⁺ ←→ ⁻(Cl)   (Na)(Cl)
         e poi
                            → Poi → legge di Coulomb
                              ne intrappola

RADIOATTIVITA NATURALE E ARTIFICIALE (10)
DECADIMENTI E FORZE NUCLEARI

└─ Relativa agli ATOMI con elevato M atomico
   DECADIMENTO NUCLEI INSTABILI (ES. URANIO)
   3 TIPI DI RADIAZIONE

1) PART. α nuclei di Elio 2p2n → CARTA IONIZZANTI
   PART. β elettroni (-) e → ALLUM
   raggi γ FOTONI ALTA ENERGIA PIOMBO
   ELEVATA FREQUENZA = ELEV. ENERGIA
   E = h·ν

   PIÙ PENETRANTI

   Distinte con magnete
   β(-)   α(+)
   CURVATURA DIFFERENTE
   CAMPIONE RADIOATTIVO

SCHERMATURA o FERMATE
α → foglio di carta
β → foglio di alluminio
γ → blocco di piombo   (alta pericolosità)

T½ (EMIVITA)
Tempo affinché   (DIMEZZAMENTO)   Dipende dal materiale
la metà degli atomi = si decast s uno 0   un 1 Hw → Migliaia
diventano un altro elemento   ANNI

NUCLEONI = NEUTR + PROT.

Dec. α ES. ²³⁰U (SINTET.) ? 58 (SINTET)
Dec. β ← ²³⁹U (SINTET) 4 gg (SINTET)
Dec. α ← ²³⁴U₀.₀₀₅₅ , 245.500 ANNI (NAT)
Dec. α ← ²³⁵U₀.₇₂% , 7·10⁸ anni (NAT)
Dec. α ← ²³⁸U 99% , 4,5·10⁹ anni (NAT)

IN NATURA LA MAGGIOR PARTE DI ELEMENTI È 11
STABILE. - INFATTI QUANTITÀ DI URANIO E
POCHISSIMA IN NATURA.

QUINDI ATOMI LEGGERI SONO STABILI es. Elio, H, etc..

Quando aumenta il peso ATOMICO e quindi il n. di prot.
e neutroni, le forme repulsive dei protoni si iniziano
a far sentire ... le forze elettriche prevalgono sulle forze nucleari

ELEMENTI ⊙⊙⊙ RADIOATTIVI (MOLTO INSTABILI)
SONO SPESSO GLI ISOTOPI
→ eccesso di neutroni rispetto ai protoni

RADIOATTIVITÀ ARTIFICIALE — BOMBARDISMO
CON NEUTRONI I NUCLEI, TALI DA RENDERLI INSTAB.

POLONIO → NON HA ISOTOPI STABILI → QUINDI RADIOATTIVO
● M.AT > 84 (numero di elettroni = numero di protoni)
M.AT > 82 → "I TRANSURANICI" SONO ARTIFICIALI

Decadimento (α) → ⊙⊙ 2p 2n (nuclei He)
es. $^{238}_{92}U \to ^{234}_{90}Th + \alpha$

Decadimento (γ) → Avviene nell'ambito di altri
processi per equilibrare ci è e+ oppure...

DECADIMENTO BETA E NEUTRINO

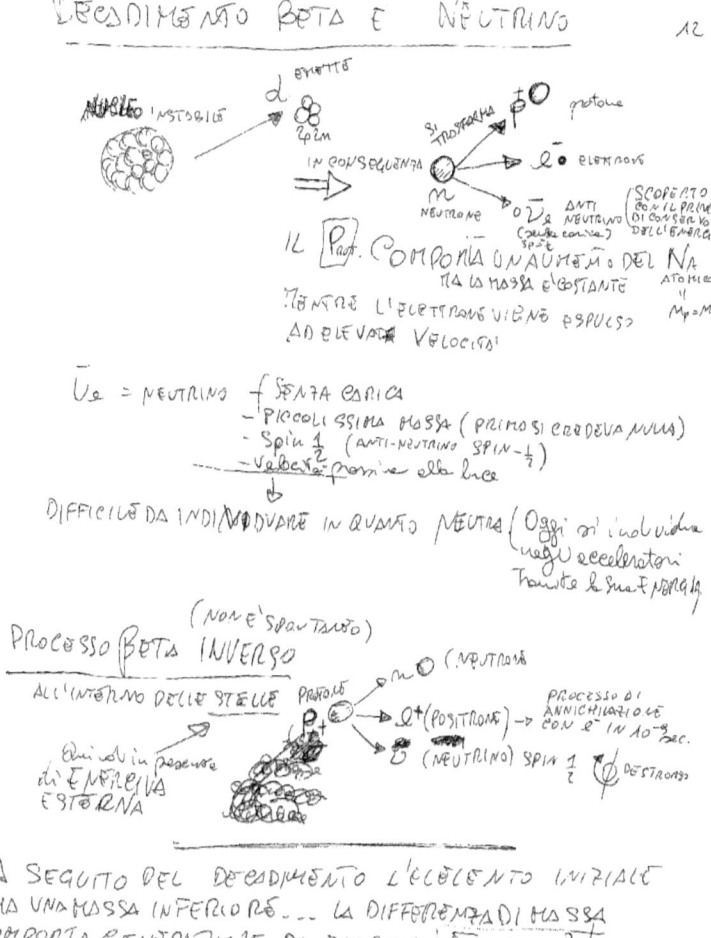

$\bar{\nu}_e$ = NEUTRINO
- SENZA CARICA
- PICCOLISSIMA MASSA (PRIMA SI CREDEVA NULLA)
- Spin $\frac{1}{2}$ (ANTI-NEUTRINO SPIN $-\frac{1}{2}$)
- Velocità prossima alla luce

DIFFICILE DA INDIVIDUARE IN QUANTO NEUTRO (Oggi si individua negli acceleratori tramite la sua energia)

PROCESSO BETA INVERSO (NON È SPONTANEO)

ALL'INTERNO DELLE STELLE

Quindi in presenza di ENERGIA ESTERNA

A SEGUITO DEL DECADIMENTO L'ELEMENTO INIZIALE HA UNA MASSA INFERIORE... LA DIFFERENZA DI MASSA COMPORTA GENERAZIONE DI ENERGIA $E = mc^2$ quindi il DECADIMENTO RADIOATTIVO GENERA ALTRI ELEMENTI ED ENERGIA.

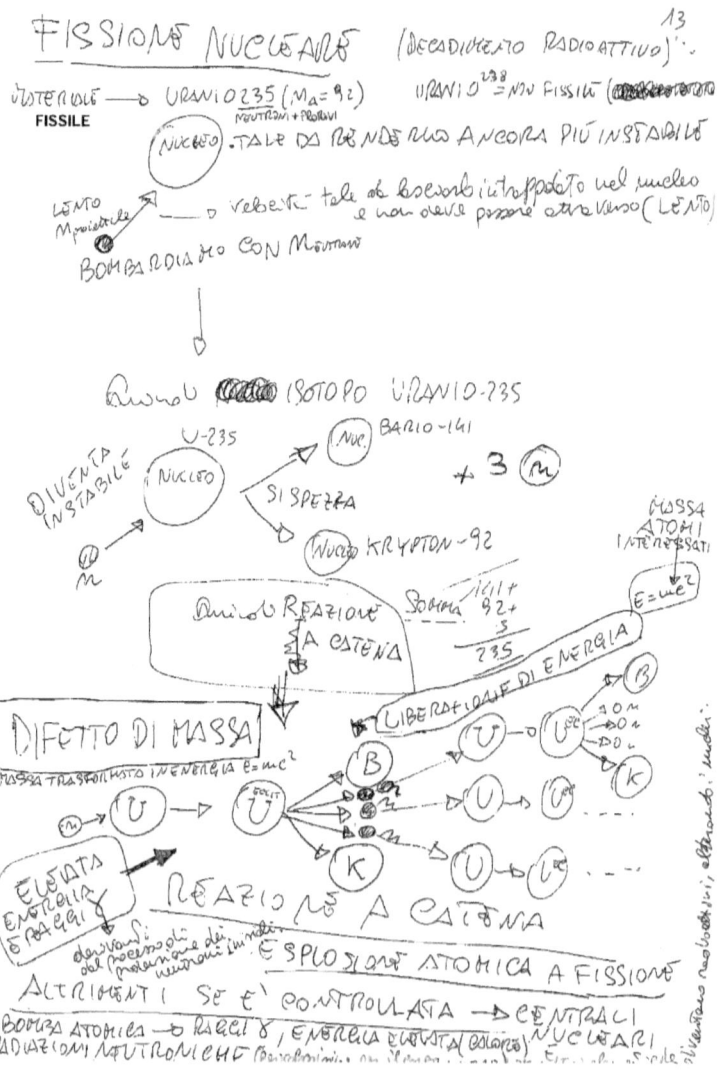

FISSIONE NUCLEARE CONTROLLATA   14

→ rallentatori di neutroni particelle a basso peso atomico H_2O o Acqua pesante (H_2O con % di H isotopo di H)

ES. DEUTERIO $O H_2$

+

BARRE DI CONTROLLO CHE ASSORBONO I NEUTRONI

↓

FINO A FERMARE IL REATTORE

↓

A CHERNOBYL 1986 NON CI RIUSCIRONO

(INOLTRE COME MODERATORE SI USAVA LA GRAFITE → CHE HA SVILUPPATO UNA NUVOLA DI FUMO)

L'ENERGIA DELLA CENTRALE PRODUCE CALORE → PRODUCE VAPORE → TURBINE → GENERATORI ↓
                                                                                  ELETTRICITA'
↳ PERICOLO
!!!! → SCORIE |||
      → CONTROLLO PROCESSO DI FISSIONE

[scribbled out text]

URANIO ARRICCHITO = U^{238} NON FISSILE 99,2% + U^{235} FISSILE 0,72%   →ARRICCHIM. U^{235} 3,5%

La Sorsoli si occupa delle barre di Uranio che contiene per quantità di U^{235} IN NATURA

FUSIONE NUCLEARE → IN MANIERA CONTROLLATA IS STELLE O REATTORI SPERIMENTALI (OGGI FUNZIONANTI X FRAZION DI SECONDI)

UNIONE DI DUE NUCLEI A BASSO PESO ATOMICO

$^1H + ^1H = He$

Massa 1   Massa 2 M_F FUSIONE

$(P_H) + (P_H) = (2P)$ DIFETTO DI MASSA
$M_F < M_1 + M_2$

← → FORZE REPULSIVE LEGGE DI COULOMB

Energia >> molto
$E_{Fus} \simeq 10 \times E_{Fissione}$

La massa mancante si è trasformata in Energia $E = mc^2$

PER VINCERLE E' NECESSARIO AUMENTARE LA TEMPERATURA A LIVELLI ENORMI

10 milioni °K
——————————
SOLE / STELLE

$^1H + ^1H → e^+ → e^-$ ...
$\nu → \nu_{luce}$

$^2H + ^3H → $
^4He

VANTAGGIO FUSIONE → NON PRODUCE SCORIE
↳ MOLTO EFFICIENTE

IN MANIERA INCONTROLLATA

BOMBA AD IDROGENO (O A FUSIONE)
↓
PRODUCE ENERGIA 2500 × $E_{BOMBA FISSION}$
↓
COMBUSTIBILE ISOTOPO H → ^2H (Deuterio) 1p+1n
^3H (Trizio) 1p+2n
↓
+ PICCOLA BOMBA A FISSIONE X L'INNESCO

DA LA FUSIONE SOLARE
ATTRAVERSANO LIBERAMENTE L'ATMOSFERA → RIVELATORI
ν_e (massa ≃ ?) 25000
v=c
RILEVATO CON ESPERIMENTI NEI LABORATORI DEL GRAN SASSO

DA FUSIONE
NEL SOLE AVVENGONO REAZIONI NUCLEARI CHE DANNO LUOGO A NEUTRINI CHE RAGGIUNGONO LA TERRA IN 8 minuti (V≃c) E NOI SIAMO INVESTITI DA 10 MILIARDI DI NEUTRINI AL SECONDO!!!!

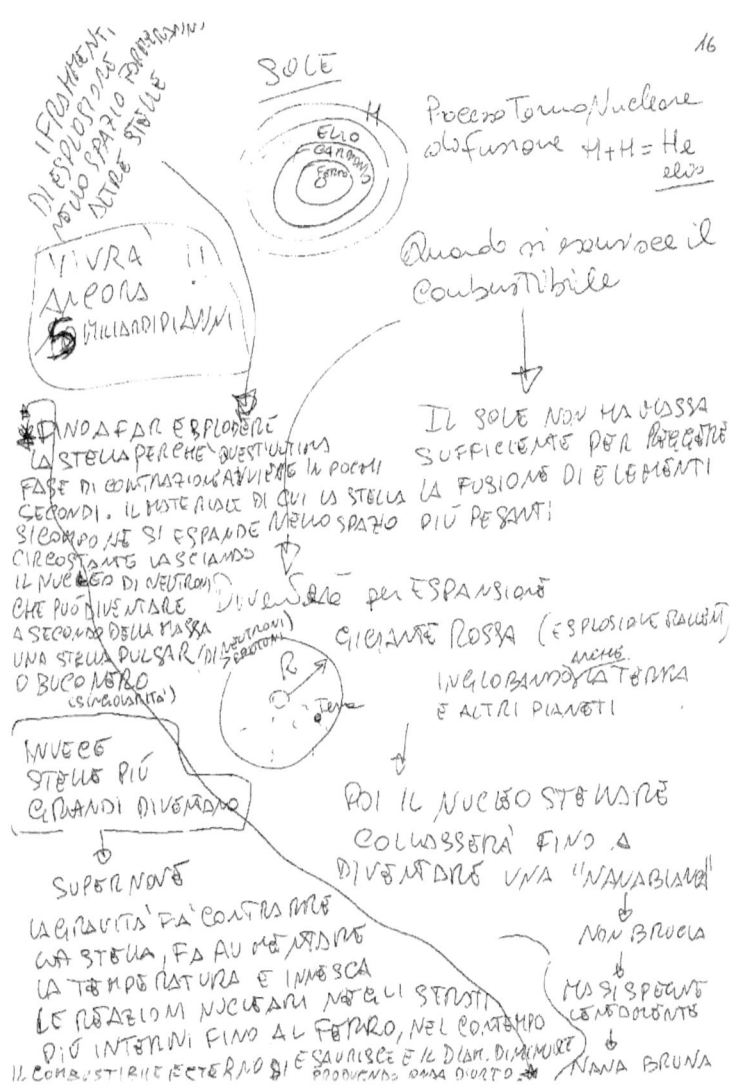

LE PARTICELLE
(+ ACCELERATORI)

Dimensioni (cm)

UNIVERSO OSSERVABILE	10^{28}
SOLE	10^{11}
TERRA	10^{9}
ORGANISMI CELLULARI	$10^{-1} - 10^{-4}$
ATOMI	10^{-8}
NUCLEI	10^{-13}
PART. ELEMENTARI	$> 10^{-15}$

▷ BOSONI

γ = FOTONE = portatore forza elettr.
g = GLUONI = portatore forza nucleare forte
$W^{\pm}, Z$ BOSONI = portatori forza nucleare debole (causa del decadimento radioattivo)
G = GRAVITONE = portatore della forza gravitazionale

▷ I BOSONI VETTORIALI $W^{\pm}$, Z sono gli unici dotati di MASSA

PARTICELLE ELEMENTARI

- FERMIONI (LA MATERIA) — ESISTONO SOLO NOSTRA REALTÀ — SPIN 1/2, 1/3
- BOSONI (MESSAGGERI / TRASPORTATORI DI FORZE) — SPIN 1/2 — γ (FOTONE), Z (bosone Z), $W^{\pm}$ (bosone W), G (GRAVITONE)

(NO) AZIONE A DISTANZA SECONDO NEWTON

I GENERAZ. — ELETTRONE (e), NEUTRINO (ν_e), QUARK UP (u), QUARK DOWN (d)
  — DETTI ANCHE LEPTONI (L'EGGERI)
  — SI UNISCONO IN TRIPLETTE → COSTITUENTI PROTONI, NEUTRONI
  PROTONI = $2u + 1d$
  NEUTRONI = $2d + 1u$

II GENERAZ. | GENERATI NEGLI ACCELERATORI → II: MUONE (μ), NEUTR. MUONICO (ν_μ), QUARK CHARM, QUARK STRANGE
III GENERAZ. | ED ESISTONO SOLO PER POCHI SEC. → III: TAUONE (τ), NEUTRINO TAUONICO (ν_τ), QUARK TOP, QUARK BOTTOM

TOT. 12 PARTICELLE + ANTIMATERIA (I, II, III GENERAZIONE) (CAMBIA SOLO LA CARICA ELETTRICA)

I GEN.: POSITRONE (e^+), ANTI-NEUTRINO ($\bar{\nu}_e$), ANTI-QUARK D + U (Negli acceleratori vivono pochissimo)

TOT. 12 ANTI-PARTICELLE

LE QUATTRO INTERAZIONI FONDAMENTALI 18
(FORZE)

IN FISICA QUANTISTICA NON ESISTONO I CAMPI DI FORZA E MISTERIOSI INTERAZIONI A DISTANZA COME NELLA TEORIA "COULOMB" (CAMPI ELETTROST.) e "NEWTON" (CAMPI GRAVITAZ.)

MA LE INTERAZIONI AVVENGONO TRAMITE "BOSONI"
PARTICELLE TRASPORTATRICI DI ENERGIA

$I = 10^{-38}$ $r = \infty$

INTERAZIONE GRAVITAZIONALE $\to$ "GRAVITONE"   raggio azione $r = \infty$
SU TUTTE LE PARTICELLE   si esplica tramite   NON ANCORA SCOPERTO   carica $q = 0$
                                                 MA PREVISTO IN TEORIA   massa $m = 0$

$I = 10^{-2}$

INTERAZIONE ELETTROMAGNETICA $\to$ "FOTONE" $q=0$, $m=0$, $r = \infty$
SOLO SU PARTICELLE CARICHE   si esplica tramite
ELETTRONI E QUARK

r = piccolo

INTERAZIONE NUCLEARE FORTE $\to$ "GLUONE" r = piccolo
RESPONSABILE DELLA STRUTTURA DEL NUCLEO   FORSE UN NASTRO ADESIVO (AGISCE SU
AGISCE SU PARTICELLE COMPOSTE DA QUARK   SOLO CHE I QUARK (COLLA)   PICCOLE
(NEUTR. e PROT.)   POSSONO MUOVERSI, NON CON PUNTI   DISTANZE)
                                          DEI NEUTR. O PROT.

$I = 10^{-13}$

INTERAZIONE NUCLEARE DEBOLE $\to$ "BOSONI W^+ e W^-" $m = 81$, $q = \pm 1$, r = piccolo
RESPONSABILE DEL DECADIMENTO   "BOSONI Z^0" $m = 91$, $q = $ NO, r = piccolo
AGISCE SUI QUARK, ELETTRONI, NEUTRINI

STELLA DI QUARK

Una stella di neutroni (PULSAR)
si trasforma
può liberare i QUARK UP/DOWN

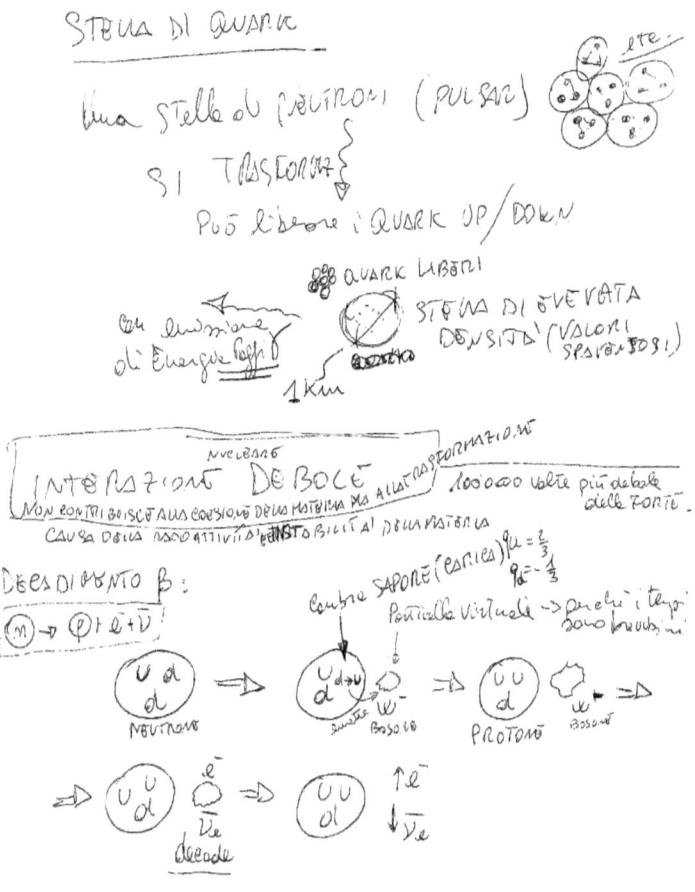

QUARK LIBERI
con emissione di Energia
STELLA DI ELEVATA DENSITÀ (VALORI SPAVENTOSI)
1 km

INTERAZIONI DEBOLI (NUCLEARI / TRASFORMAZIONI) 100.000 volte più deboli delle FORTI
Non contribuisce alla coesione della materia ma alla trasformazione
Causa della radioattività e instabilità della materia

DECADIMENTO β:
$n \to p + e + \bar{\nu}$

Cambia SAPORE (CARICA) $q_u = \frac{2}{3}$, $q_d = -\frac{1}{3}$
Particelle virtuali → perché i tempi sono brevissimi

INTERAZIONE GRAVITAZIONALE — Per ora Teoria Relatività
                                        (non quantistica
GRAVITONE → non ancora trovata   (curvatura
                                  spazio-tempo)

SI CERCA DI UNIFICARE TEORICAMENTE
AL MODELLO QUANTISTICO STANDARD.

ACCELERATORI DI PARTICELLE

ABBIAMO BISOGNO DI CREARE ENERGIE ELEVATE

$E = h \cdot \nu$ E quindi per vedere le
particelle abbiamo bisogno
$\lambda = \dfrac{c}{\nu}$, $\nu = \dfrac{c}{\lambda}$ di frequenze elevate e
quindi λ basse
(inferiori alle dim. delle particelle)

UN ACCELER.
NATURALE

OSSERVA
RAGGI COSMICI
IMPROPRIAMENTE
DETTI RAGGI

SI RILEVANO
LE PARTICELLE
PROVENIENTI
DALL'UNIVERSO
ALLA V luce, IN
PART. μ

QUANDO 2 PARTICELLE SI SCONTRANO IN
UN ACCELERATORE DANNO LUOGO A
PARTICELLE DI MASSA COMPLESSIVA SUPERIORE
$E = mc^2$

CILIEGIA   CILIEGIA   BANANA   MELA   ARANCIA

ESEMPIO CASALINGO DI ACCEL. = TV a TUBO CATODICO
                               vecchi

CATODO   accelera verso lo schermo
         (molecole di fosforo)

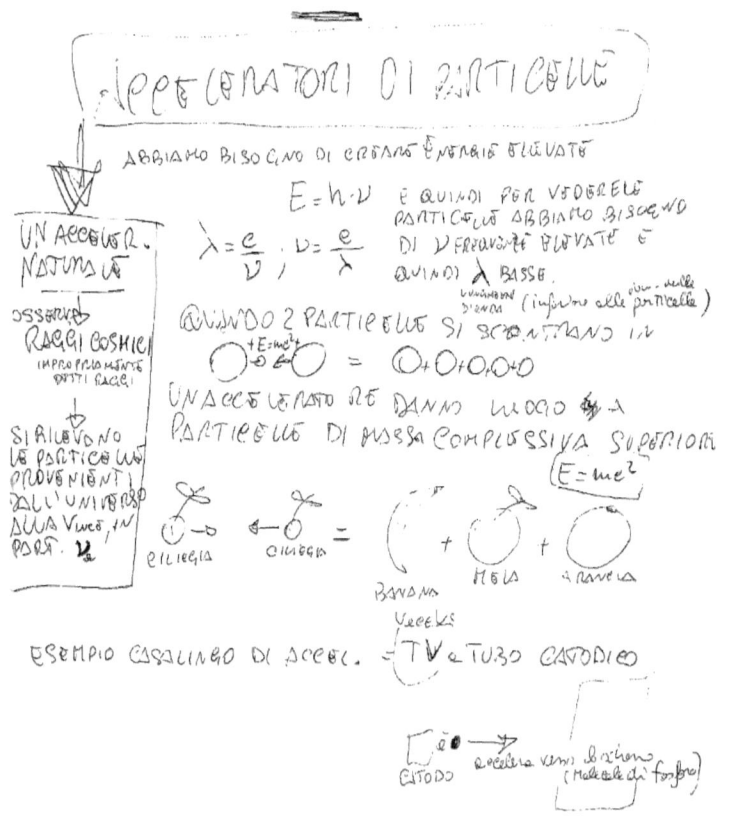

PARTICELLE
ACCELERATE:
- ELETTRONI
- PROTONI
- POSITRONI
- NUCLEI DI ATOMI POSSENT (ONI)
- IONI CARICHI VARI

SI USANO PARTICELLE
CARICHE PER POTERLE
ACCELERARE

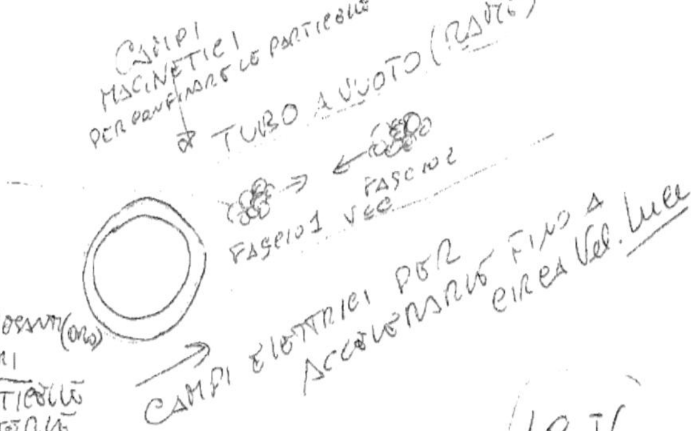

CAMPI MAGNETICI PER CURVARE LE PARTICELLE
↓ TUBO A VUOTO (PANTE)

FASCIO 1 → ← FASCIO 2
VEL.

CAMPI ELETTRICI PER ACCELERARLE FINO A CIRCA VEL. LUCE

ENERGIE DELL'ORDINE DI 1 GeV
100 GeV
1 eV: movimento di un elettrone

Quindi elevate velocità = elevata Energia

MATERIA ⇔ ENERGIA   Queste elevate energie producono materie $E = mc^2$

Quindi ci sono anche tipo e particelle di elevata massa che non esistono nella realtà, perché hanno bisogno di elevate energie (vivono solo pochi secondi)

ACCELERATORI LINEARI | ACCELERATORI CIRCOLARI
RETTILINEO | ↓ VELLO
                      | PIÙ EFFICIENTI V maggiori

Posto di confine fra Francia e Svizzera → nuovo **LHC** (Large Hadron Collider) del **CERN** Accelera fino a $99,99 \cdot c$

Sperimentato

Energie fino a 13000 GeV (limite tecnico delle macchine teorico 14000 GeV)

Se facciamo i fasci più giri per secondo.

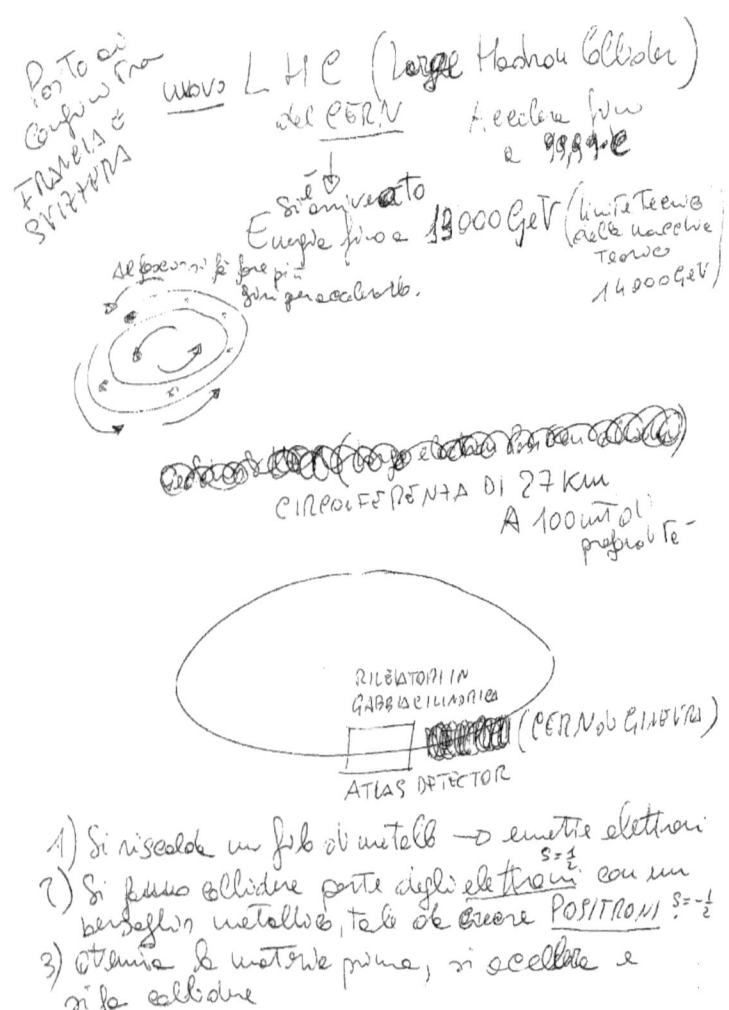

CIRCONFERENZA DI 27 Km
A 100 m.t. di profondità

RILEVATORI IN GABBIA CILINDRICA (CERN di GINEVRA)

ATLAS DETECTOR

1) Si riscalda un filo di metallo → emette elettroni $S = \frac{1}{2}$
2) Si fanno collidere parte degli elettroni con un bersaglio metallico, tale da creare **POSITRONI** $S = -\frac{1}{2}$
3) Ottenuta la materia prima, si accellera e si fa collidere
4) Si osserva il **DETECTOR** (rilevatore) con sub-rilevatore

Detector:
1 - Rilevatore tracce particelle cariche elettric.
   ↓
   Ci mostrano traiettorie e angolo di diffusione

2 - Calorimetri → Misurano energie di tutte le particelle di collisione sia cariche elettr. che non.

3 - Rilevatori di MUONI (particelle più penetranti)
   Il germanione dell'elettrone

① Per registrare le tracce si usano SEMICONDUTTORI
   ↓
   → Prima si usavano le CAMERE A BOLLE
                                O NEBBIA

Le particelle ionizzavano un liquido che veniva fotografato → come le scie di condensazione aerei.

CAMERE A BOLLE	SEMICONDUTTORI
Immagini suggestive	Immagini ricostruite dal COMPUTER

PART(+) U.VANNO
        DIVERGENDO
N S • PART(-)
CAMPO MAGNETICO

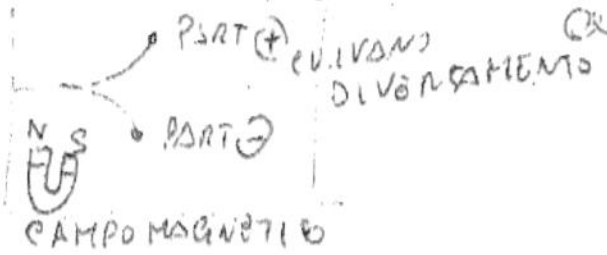

② CALORIMETRO → Posto in Anello concentrico
                   al precedente

  ↓
MISURA TRAIETTORIA ED ENERGIA

                  ┌─ MAGNETE SUPERCONDUTTORE
                  │ DEFLETTE LE PART. CARICHE PER MISURARE
                  │ LA CARICA ELETTRICA E IL MOMENTO (μων)
 DI TIPO   ├─ CALORIM. ESTERNO → Misura E
 ELETTROMAGNETICO │   PROD ADRONI
                  │   (COMPOSTI DA
                  └─ CALORIM. INTERNO   QUARK)
                          └→ Misura Energia
     MUONI   di e^-, e^+, γ
     (elettroni di II)   FOTONE
      onda

      COMUNQUE SIA DELLA COLLISIONE
      SI PRODUCONO PARTICELLE SECONDARIE

③ Rivelatore di MUONI (Metallic)
     ↑

        SEZIONE   CALORIMETRO CALORIMETRO
                     EM   ADRONICO
                  CAMERA   R. MUONI
                  A FASCIO
    e^- o e^+ → SI   • E_M SI
                         e^+ • E_H SI
    FOT γ →   NO   • E_γ SI
    MUONI →   SI   ▓   SI
    ν →

    E' COME RIMETTERE INSIEME I PEZZI
    DI UN OGGETTO LANCIATO DA UN GRATTACIELO.

PERCHÉ LE PARTICELLE HANNO MASSA?

DOPO BIG BANG → NO MASSA → ROTTURA SIMMETRIA TRA MATERIA E ANTIMATERIA →

CAMPO DI HIGGS (Scalare) (Tipo il campo elettromagnetico)
↓
Permea tutto lo spazio vuoto
• Particelle (Bosoni)
• Rangers relativi del campo e acquista massa
↓
Conferendo massa alle parti delle energie (bosoni W e Z) (Bosone Higgs) ma non al Bosone fotone.

BOSONE HIGGS
IPOTIZZATO ANNI 60 E TROVATO 2012 Luglio

Massa = 126 × M protone

→ Produce una particella quantizzata Bosone Higgs
→ Bosone Higgs PORTATORE DI MASSA { senza carica, senza spin }
→ Denominata "Particella di Dio"

BIBLIOGRAFIA

Fenomeni radioattivi, dai nuclei alle stelle - Giorgio Bendiscioli - Springer Vergal Italia 2013

I quanti e la vita – Niels Bohr - Universale scientifica Boringhieri – Prima edizione 1965 – Ristampe 1969, 1974

Teoria dei quanti – John Polkinghorne – Codice edizioni Torino - 2007

Meccanica quantistica, il minimo indispensabile per fare della (buona) fisica – Leonard Susskind Art Friedman – Raffaello Cortina editore - 2015

Dalla fisica classica alla fisica quantistica – Carlo Tarsitani – Editori riuniti university press – 2009

L'esperimento più bello – Giorgio Lulli – Apogeo – 2013

I principi della meccanica quantistica – Paul Adrien M. Dirac – Bollati Boringhieri editore Torino – prima edizione 1959, ristampa 2014

Il bizzarro mondo dei quanti – Silvia Arrayo Camejo – Springer - 2012

L'atomo e le particelle elementari – Massimo Teodorani – Macro Edizioni – prima edizione 2007, ristampa 2012

Il mondo secondo la fisica quantistica – Fabio Fracas – Sperling & Kupfer - 2017

Bibliografia e immagini da Web:

Immagini
commons.wikimedia.org

Joseph John Thomson
https://it.wikipedia.org/wiki/Joseph_John_Thomson
https://it.wikipedia.org/wiki/Modello_atomico_di_Thomson

Ernest Rutherford
https://it.wikipedia.org/wiki/Ernest_Rutherford
https://it.wikipedia.org/wiki/Esperimento_di_Rutherford

Max Planck
https://it.wikipedia.org/wiki/Max_Planck
https://it.wikipedia.org/wiki/Catastrofe_ultravioletta
https://it.wikipedia.org/wiki/Corpo_nero
https://it.wikipedia.org/wiki/Costante_di_Planck
https://it.wikipedia.org/wiki/Spettro_elettromagnetico

Niels Bohr
https://it.wikipedia.org/wiki/Niels_Bohr
https://it.wikipedia.org/wiki/Modello_atomico_di_Bohr

Arnold Sommerfeld
https://it.wikipedia.org/wiki/Arnold_Sommerfeld
https://it.wikipedia.org/wiki/Formula_di_Wilson-Sommerfeld

Orbitale atomico
https://it.wikipedia.org/wiki/Orbitale_atomico

Stato quantistico di Spin
https://it.wikipedia.org/wiki/Spin

Esperimento di Stern-Gerlach
https://it.wikipedia.org/wiki/Esperimento_di_Stern-Gerlach

Wolfgang Pauli
https://it.wikipedia.org/wiki/Wolfgang_Pauli
https://it.wikipedia.org/wiki/Principio_di_esclusione_di_Pauli

Werner Karl Heisenberg
https://it.wikipedia.org/wiki/Werner_Karl_Heisenberg
https://it.wikipedia.org/wiki/Principio_di_indeterminazione_di_Heisenberg

Erwin Schrödinger
https://it.wikipedia.org/wiki/Erwin_Schr%C3%B6dinger
https://it.wikipedia.org/wiki/Equazione_di_Schr%C3%B6dinger
https://it.wikipedia.org/wiki/Funzione_d%27onda
https://it.wikipedia.org/wiki/Paradosso_del_gatto_di_Schr%C3%B6dinger

Louis-Victor Pierre Raymond de Broglie
https://it.wikipedia.org/wiki/Louis-Victor_Pierre_Raymond_de_Broglie
https://it.wikipedia.org/wiki/Ipotesi_di_de_Broglie

Paul Dirac
https://it.wikipedia.org/wiki/Paul_Dirac
https://it.wikipedia.org/wiki/Notazione_bra-ket

Thomas Young
https://it.wikipedia.org/wiki/Thomas_Young
https://it.wikipedia.org/wiki/Esperimento_di_Young

Alain Aspect
https://it.wikipedia.org/wiki/Alain_Aspect

John Stewart Bell
https://it.wikipedia.org/wiki/Teorema_di_Bell

James Chadwick
https://it.wikipedia.org/wiki/James_Chadwick
https://it.wikipedia.org/wiki/Neutrone

Isotopi
https://it.wikipedia.org/wiki/Isotopi_dell%27idrogeno

Radioattività
https://it.wikipedia.org/wiki/Radioattivit%C3%A0
https://it.wikipedia.org/wiki/Decadimento_alfa
https://it.wikipedia.org/wiki/Decadimento_beta
https://it.wikipedia.org/wiki/Raggi_gamma
https://it.wikipedia.org/wiki/Radiazioni_ionizzanti
https://it.wikipedia.org/wiki/Metodo_del_carbonio-14

Fissione e fusione nucleare
https://it.wikipedia.org/wiki/Fissione_nucleare
https://it.wikipedia.org/wiki/Fusione_nucleare
https://it.wikipedia.org/wiki/Bomba_all%27idrogeno
https://it.wikipedia.org/wiki/Reattore_nucleare_a_fusione
https://it.wikipedia.org/wiki/Reattore_nucleare_a_fissione
https://it.wikipedia.org/wiki/Bomba_atomica
https://it.wikipedia.org/wiki/Nucleosintesi_stellare
https://it.wikipedia.org/wiki/Pulsar
https://it.wikipedia.org/wiki/Quasar
https://it.wikipedia.org/wiki/Buco_nero

Antimateria
https://it.wikipedia.org/wiki/Antimateria

Le particelle elementari
https://it.wikipedia.org/wiki/Particella_elementare
https://it.wikipedia.org/wiki/Fermione
https://it.wikipedia.org/wiki/Bosone_(fisica)
https://it.wikipedia.org/wiki/Quark_(particella)

Peter Higgs
https://it.wikipedia.org/wiki/Peter_Higgs
https://it.wikipedia.org/wiki/Bosone_di_Higgs

Gravitone
https://it.wikipedia.org/wiki/Gravitone

Raggi cosmici
https://it.wikipedia.org/wiki/Raggi_cosmici

Acceleratore di particelle
https://it.wikipedia.org/wiki/Acceleratore_di_particelle
https://it.wikipedia.org/wiki/CERN
https://it.wikipedia.org/wiki/Large_Hadron_Collider
https://it.wikipedia.org/wiki/Camera_a_nebbia
https://it.wikipedia.org/wiki/Camera_a_bolle

Il teletrasporto quantistico compie vent'anni
http://www.lescienze.it/news/2017/12/16/news/vent_anni_di_esperimenti_sul_t
eletrasporto_quantistico-3793007/

Buco nero
http://www.ansa.it/canale_scienza_tecnica/notizie/spazio_astronomia/2019/04/
10/ecco-la-foto-del-secolo-e-la-prima-di-un-buco-nero_3414097d-9364-492c-
ad9a-18027bbd8495.html

www.ingramcontent.com/pod-product-compliance
Lightning Source LLC
Chambersburg PA
CBHW021811170526
45157CB00007B/2541